LOKOMOTIVEN

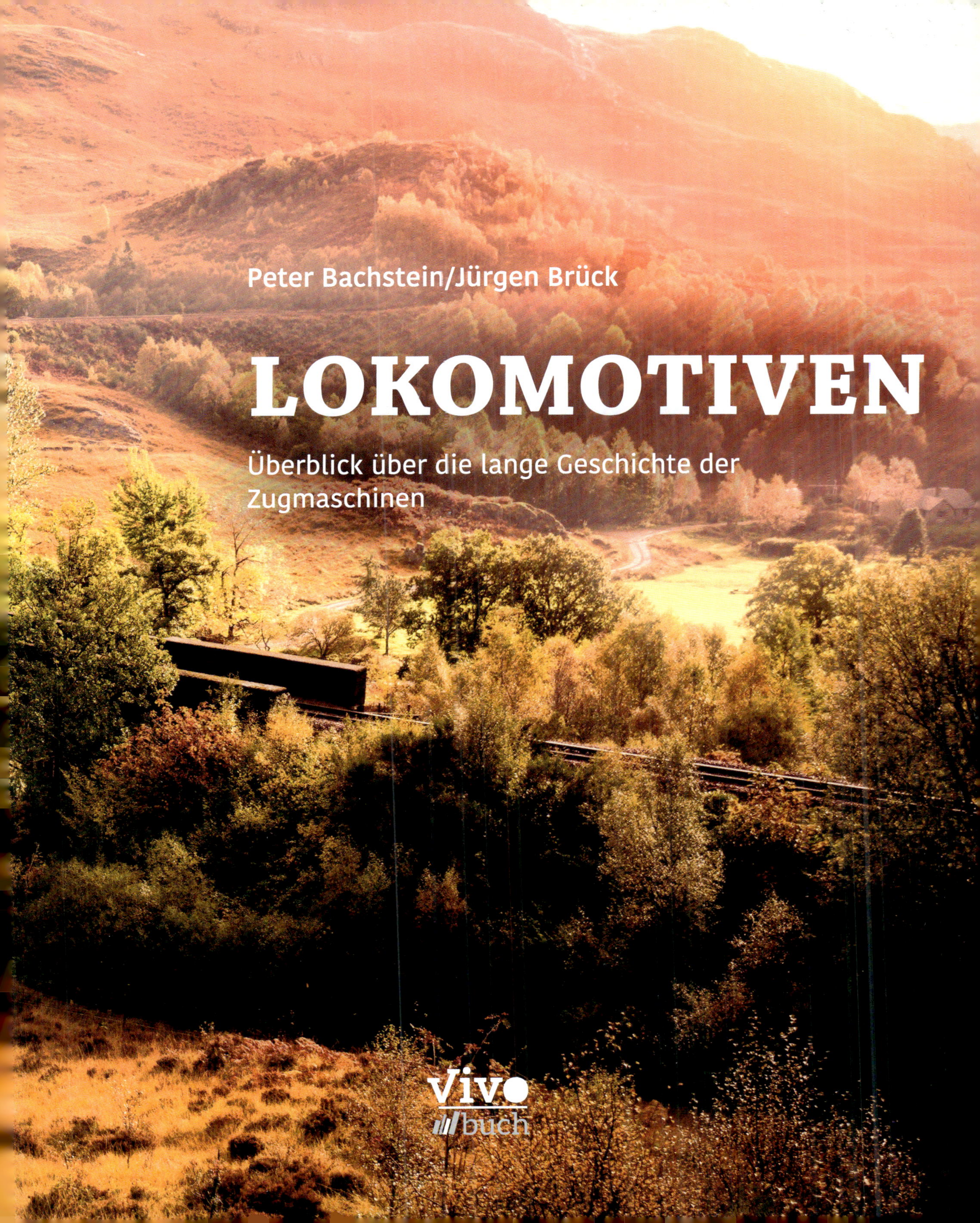

Peter Bachstein/Jürgen Brück

LOKOMOTIVEN

Überblick über die lange Geschichte der Zugmaschinen

vivo buch

INHALT

Vorwort 6

Geschichte der Lokomotiven 8

Technische Entwicklung 44

Hersteller, Baureihen, Modelle 74

Lokomotiven der Welt 112

Hochgeschwindigkeitszüge 138

Blick in die Zukunft 156

Register 170

VORWORT

Lokomotiven haben weltweit zahlreiche Fans. Kein Wunder, schließlich handelt es sich hierbei um faszinierende Wunderwerke der Technik, die für den großen Traum von ausgedehnten Reisen und die Jagd nach immer neuen Geschwindigkeitsrekorden stehen. Dies war jedoch längst nicht immer der Fall, denn zu Anfang des Eisenbahnzeitalters gab es zahlreiche Vorbehalte gegen dieses neue Verkehrsmittel. Doch die anfängliche Skepsis legte sich rasch, als man merkte, dass Lokomotiven keineswegs Teufelswerk waren und stattdessen dem Reise- und Güterverkehr einen mächtigen Schub nach vorne versetzten. Schnell ergriff die Menschen eine große Aufbruchsstimmung und Begeisterung. Diese Faszination ist auch heute noch ungebrochen. Denn die schweren und dennoch oftmals so eleganten Maschinen bilden für viele den Inbegriff technischen Fortschritts. Dieses Buch ist diesen eindrucksvollen Ikonen der Fortbewegung gewidmet. Beginnend mit einer kurzen Geschichte der Eisenbahn taucht es ein in Zeiten großer technischer Pionierleistungen. Es entführt den Leser auf die legendären Eisenbahnstrecken dieser Welt und gibt Einblicke in die spannenden technischen Hintergründe, die zur Entwicklung von Dampf-, Elektro-, Dieselzügen geführt haben. Ausgewählte Lokomotiven aus dem deutschsprachigen Raum und der ganzen Welt sind der Gegenstand weiterer Kapitel, bevor ein aufschlussreicher Ausflug in die Welt der Hochgeschwindigkeitszüge und ein Blick in die Zukunft der Lokomotiven dieses Buch beschließen. Zahlreiche Bilder, Infos, Zahlen und Fakten machen dabei die Wunderwelt der Lokomotiven erlebbar.

Lokomotiven haben den modernen Reiseverkehr und Gütertransport maßgeblich geprägt.

14:33 38
Attention!
Buongiorno
Voie
4
A
DB
MEDIATRANSPORTS

GESCHICHTE DER LOKOMOTIVEN

Wenn es darum geht, die großen Erfindungen der Menschheitsgeschichte zu benennen, darf die Eisenbahn nicht fehlen. Denn sie brachte eine deutliche Erleichterung für das Reisen über größere Distanzen mit sich und machte es einem Großteil der weltweiten Bevölkerung überhaupt erst möglich. Auch der Transport derart großer Gütermengen, wie er heute vonstattengeht, wäre ohne die Eisenbahn gar nicht erst denkbar. Somit spielt dieses herausragende Transportmittel auch für das weltweite Wirtschaftswachstum eine zentrale Rolle.

482
482

Die Anfänge der Eisenbahngeschichte

Von Spurrillen zu Schienen

Damit eine Eisenbahn funktionieren kann, benötigt man drei Dinge: Räder, ein Leitsystem und einen Antrieb. All diese Dinge sind dem Menschen schon sehr lange bekannt, und so verwundert es nicht, dass die Geschichte der Eisenbahn deutlich vor der Einweihung der ersten Eisenbahnstrecken begann. Die genauen Umstände der Erfindung des Rades sind heute nicht mehr mit Bestimmtheit zu klären. Forscher gehen jedoch davon aus, dass das Rad vor etwa 5500 Jahren erfunden wurde und dass seine Entwicklung an verschiedenen Orten der Welt in etwa zur gleichen Zeit stattfand.

Doch bei seiner Nutzung zu Transportzwecken tauchten schon bald erste Probleme auf: Auf den noch nicht befestigten Straßen sanken die Räder bei Nässe tief in den Boden ein und waren danach nur noch schwer zu bewegen. Aber genau diese Widrigkeit war es, die den Anstoß zur Erfindung der Schiene gab. Denn nachdem die nassen Straßen wieder abgetrocknet waren, fanden sich darauf teils recht tiefe Ril-

GEGENÜBER: Historische Dampfloks wie die der Durango Silverton Railway (Colorado, USA), die seit 1882 in Betrieb ist, haben weltweit viele Fans.

LINKS UND RECHTS: Die Idee von Schienen geht auf die Spurrillen der Wagenräder in antiken Straßen zurück.

len, die die Räder hinterlassen hatten. Schnell merkte man, dass diese Rillen – die sogenannten Spurrillen – einige Vorteile besaßen. Denn Karren, die darin fuhren, rutschten unter widrigen Bedingungen nun nicht mehr von der Straße ab.
Ergab sich dieser Effekt auf den zunächst unbefestigten Straßen noch mehr oder minder zufällig, erprobten ihn bereits die alten Griechen auch auf befestigten Wegen, indem sie absichtlich Spurrillen anlegten. Derart präparierte Straßen nutzte man damals in erster Linie für den Transport schwerer Lasten auf kurzen Strecken. Die römischen Straßenbauer der Antike verwendeten diese Technologie in der Folgezeit in größerem Umfang, um Pferdefuhrwerken – insbesondere auf hügeligen oder bergigen Strecken – das Vorankommen zu erleichtern.
Der nächste Schritt hin zur Eisenbahn, wie wir sie heute kennen, fand im Mittelalter statt. Um diese Zeit setzte in Europa die Verwendung eines schienengeführten Wagensystems im Bergbau ein, das dazu diente, Geröll aus den Minen ans Tageslicht zu befördern. Zunächst bestanden diese Schienen aus Holz. Doch es zeigte sich schnell, dass das Material dem großem Gewicht der Wagen nicht gewachsen war. Denn allzu häufig gingen die frühen Schienen zu Bruch.
Ab Mitte des 18. Jahrhunderts kamen daher gusseiserne Schienen zum Einsatz. Doch auch diese erwiesen sich unter der starken Dauerbelastung als zu brüchig, um ihren Einsatzzweck angemessen erfüllen zu können. Etwa ab Beginn des 19. Jahrhunderts setzte man schließlich gewalzte Schienen ein, die auch dauer-

Diese Illustration aus dem Jahr 1867 zeigt ein Schienensystem im Bergbau, mit dessen Hilfe nicht nur das Fördergut abtransportiert, sondern auch Verpflegung für die Arbeiter herangebracht werden konnte.

Nachbau einer Stephenson Typ-2-2-0-Dampflok („Planet“) der Liverpool and Manchester Railway auf einer Oldtimerveranstaltung in England.

haft starken Belastungen trotzen konnten. Sie entsprechen in ungefähr denjenigen Schienen, die auch heute noch Verwendung finden.

Erste Dampflokomotiven

Zwei der drei wichtigen Grundbestandteile einer Eisenbahn – Räder und ein Leitsystem – waren nun gegeben. Nun fehlte nur noch der passende Antrieb. Und hierfür setzte man zunächst auf Pferdekraft. So eröffnete im Jahr 1795 in England mit der Derby Canal Railway die erste Pferdeeisenbahn. Die Strecke war 5 Meilen (8 Kilometer) lang und diente dem Gütertransport.
Doch dies sollte nicht die einzige Antriebsmöglichkeit bleiben. Denn schon deutlich früher – im Jahr 1712 – hatte der Engländer Thomas Newcomen eine Erfindung gemacht, die auch die Entwicklung der ersten Lokomotiven entscheidend prägen sollte: die erste brauchbare Dampfmaschine. Zwar ließen sich diese frühen Dampfmaschinen zum Teil schon recht effizient für industrielle Zwecke nutzen, für den Einsatz im Eisenbahnbetrieb erwiesen sie sich jedoch als zu ineffizient. Eine leistungsfähigere Dampfmaschine entwickelte der englische Ingenieur James Watt

LINKS: Modell der ersten Dampflokomotive
RECHTS: Statue zu Ehren Robert Stephensons am Bahnhof Euston in London

im Jahr 1769. Sein Landsmann Richard Trevithick war es schließlich, der 1804 die erste Dampflokomotive konstruierte. Sie wurde in einem Eisenwerk in Cornwall eingesetzt und zog fünf Waggons. Mit ihrer Hilfe ließen sich 10 Tonnen Eisen und etwa 70 Arbeiter transportieren. Weil jedoch die Schienen den Belastungen noch nicht standhielten und unter dem Gewicht der Lokomotive brachen, blieb der große Erfolg dieser Entwicklung zunächst aus.

Anfang des 19. Jahrhunderts gab es noch Kontroversen darüber, ob eine Eisenbahn auf glatten Schienen überhaupt fahren könne. Viele Ingenieure glaubten, die Reibung zwischen Bahn und Schiene sei dafür nicht groß genug. Daher waren einige der frühen Bahnen als Zahnradbahnen ausgeführt. Der Bau von Schienen mit einem Zahnstrang war allerdings kompliziert und kostspielig. Doch der Grubeninspektor William Hedley glaubte an die glatten Schienen. 1813 baute Hedley die berühmte Lokomotive, die später den Namen „Puffing Billy" erhalten sollte. Sie verkehrte ab 1813 als Grubenbahn in einem Bergwerk im Nordosten Englands. Als Personenbahn war sie hingegen nicht im Einsatz. Die „Puffing Billy" war in der Lage, den 8 Kilometer langen unterirdischen Weg innerhalb von einer Stunde zurückzulegen. Dabei konnte die Lok einen 50 Tonnen schweren Zug ziehen. Die Lokomotive verrichtete ihren Dienst bis ins Jahr 1830.

Zu den Konstrukteuren der ersten Stunde gehörte auch George Stephenson, ein britischer Ingenieur, dessen Lokomotive „Mylord" 1814 ihre Jungfernfahrt unternahm. Allerdings fuhren diese

„Puffing Billy" von Wylam Colliery

Die Lok der Bauart B n2 wurde in den Jahren 1813 bis 1815 gebaut. Die Lok maß 3850 Millimeter (ohne Tender) und hatte eine Leermasse von 9 Tonnen ohne Tender und von 13 Tonnen mit Tender. Die „Puffing Billy" arbeitete mit einem Zylinderdurchmesser von 220 Millimetern sowie einem Kesselüberdruck von ca. 3,45 Bar. Sie hatte eine Spurweite von 1524 Millimetern und erreichte eine Höchstgeschwindigkeit von 8 Kilometern pro Stunde. Diese Pionierleistung der Lokomotivgeschichte lässt sich auch heute noch im Londoner Science Museum bewundern. Einen originalgetreuen Nachbau findet man im Deutschen Museum in München.

Stephensons „Rocket“

Die „Rocket“ von Robert Stephenson & Co. wurde von einer Zweizylinder-Dampfmaschine angetrieben. Die Lokomotive hatte eine Länge von 6,56 Metern mit Tender und 3,85 Metern ohne Tender und ein Gewicht von 7,4 Tonnen (mit Tender) bzw. 4,2 Tonnen (ohne Tender). Sie hatte eine Spurweite von 1435 Millimetern und brachte es auf eine Leistung von 21 PS.

frühen Lokomotiven noch ausschließlich im Bergbaubetrieb. Doch als schließlich am 27. September 1825 zwischen den englischen Städten Stockton und Darlington die erste öffentliche Eisenbahnstrecke der Welt eröffnet wurde, spielte ein weiteres Mal eine Stephenson-Lokomotive die Hauptrolle: die „Locomotion“. Auch wenn der tägliche Betrieb alles andere als reibungslos verlief – so explodierte die Lok beispielsweise im Jahr 1828 und tötete dabei den Maschinisten John Creed –, ließ sich Stephenson nicht beirren. 1829 baute er zusammen mit seinem Sohn Robert eine Lokomotive, der er den Namen „Rocket“ gab. Als die Verantwortlichen der Liverpool and Manchester Railway in einem Wettbewerb nach einer geeigneten Lokomotive für ihre Strecke suchten, errang das Familienunternehmen mit seiner Maschine, die eine Höchstgeschwindigkeit von 48 Kilometer pro Stunde erreichte, den Sieg. Spätestens ab diesem Zeitpunkt waren die Weichen für den Siegeszug der Lokomotiven gestellt.

Nachbau der „Rocket“ am Museumsbahnhof Quorn and Woodhouse.

№ 1264
WHITBY

Ausbau der Schienennetze

Die englischen Eisenbahnen

Wie die zuvor genannten Beispiele beweisen, taten sich in Bezug auf Entwicklung und Verbesserung der Eisenbahntechnologie zunächst vornehmlich die Briten als führende Nation hervor. Dies beweist auch die erste Eisenbahnstrecke der Welt, die ab 1825 über 40 Kilometer die englischen Städte Stockton und Darlington verband. Die Spurweite dieser Bahn betrug 1435 Millimeter und entspricht dem, was man heutzutage als Normalspur bezeichnet. Der Grund für diese Festlegung ist recht einfach erklärt: In der Frühzeit der Eisenbahnen stammten die meisten Maschinen von Robert Stephenson & Co. – und dieser Herstellerpionier baute seine Lokomotiven eben ausschließlich mit dieser Spurweite.
Zwar kam es in der Anfangszeit der britischen Eisenbahnen immer wieder zu Rückschlägen wie etwa Unfällen durch explodierende Dampfkessel, doch die Briten ließen sich nicht von ihrem Weg abbringen und konnten schon im Jahr 1828 die Eröffnung einer weiteren Bahnstrecke feiern: Sie verband auf einer Länge von 56 Kilometern die Städte Liverpool und Manchester. Anfangs lag das Hauptaugenmerk der Streckenbetreiber noch auf dem Gütertransport. Doch es zeigte sich schnell, dass sich das neue Verkehrsmittel auch in der Bevölkerung wachsender Beliebtheit erfreute und man daher auch mit dem Personenverkehr gutes Geld verdienen konnte. Und so führte der stetig wachsende Erfolg der ersten Linie zur weiteren Verbreitung von Eisenbahnlinien in England.
Schon 1837 wurde die Grand Junction Railway in Betrieb genommen. Sie führte über 132 Kilometer von Birmingham über Wolverhampton, Stafford und Crewe in die Nähe von Warrington. Hier bestand Anschluss an die Liverpool and Manchester Railway. Die neue Strecke hatte eine weitere Besonderheit zu bieten: Ab 1838 verkehrte hier der weltweit erste Postzug, in dem die Post während der

London and North Eastern Railway (LNER) B1 1264 am Bahnhof Goathland auf der Strecke North Yorkshire Moors Railway nach Whitby

Feierliche Eröffnung der Ludwigseisenbahn am 7. Dezember 1835.

Fahrt auch gleich sortiert werden konnte. Südlich dieser Strecke wurde dann im Jahr 1838 eine Eisenbahnlinie von London nach Birmingham eröffnet. Weitere Linien folgten und sie alle erwiesen sich als äußerst profitabel. Die Erschließung des Landes durch Eisenbahnlinien war von nun an nicht mehr aufzuhalten.

Eisenbahnen in Deutschland

Durch den Erfolg der britischen Eisenbahnlinien beflügelt, trat die Eisenbahn jedoch auch andernorts rasch einen Siegeszug an. So brach beispielsweise zehn Jahre, nachdem die erste Eisenbahnstrecke der Welt ihren Betrieb aufgenommen hatte, auch in Deutschland das Eisenbahnzeitalter an. Am 7. Dezember 1835 wurde die erste deutsche Strecke eingeweiht. Die von der Bayerischen Ludwigsbahn betriebene Strecke führte über 6 Kilometer von Nürnberg nach Fürth.
Die Lokomotive, die hier zum Einsatz kam, stammte zwar aus dem Hause des bewährten englischen Herstellers Robert Stephenson & Co. Allerdings handelte es sich hierbei nicht um die in England eingesetzte „Rocket“, sondern um ein anderes Modell, das in der Folgezeit ebenfalls einige Berühmtheit erlangen sollte: die

Der „Adler“ von Robert Stephenson & Co.

Deutschlands erste Dampflokomotive (Baujahr 1835) mit der Triebwerksbezeichnung 1A1n2 und einer Spurweite von 1435 Millimetern hatte eine Länge von 6,7 Metern und ein Dienstgewicht von 14 Tonnen (allein die Lok wog ca. 6 Tonnen). Mit einer Leistung von 11 PS transportierte sie bis zu 230 Passagiere. Der „Adler“ erreichte eine Reisegeschwindigkeit von 35 und eine Höchstgeschwindigkeit von 65 Kilometern pro Stunde. Ein Nachbau der Loklegende lässt sich im Nürnberger DB-Museum bewundern.

Dampflok „Adler“. Sie zog bei ihrer ersten Fahrt drei Personenwagen erster Klasse, vier Wagen zweiter Klasse und zwei Wagen der dritten Klasse.

Das Know-how für den Betrieb einer Eisenbahnstrecke wie derer in England musste man sich in Deutschland zu dieser Zeit jedoch noch mühsam erarbeiten. Daher setzten die Betreiber der Strecke Nürnberg–Fürth nicht allein auf maschinellen Antrieb, sondern daneben auch weiterhin auf Pferdebahnen. Doch ähnlich wie in England zeigte sich auch bei der ersten Bahnstrecke auf deutschem Boden sehr schnell, dass derartige Unternehmen zu einem großen finanziellen Erfolg werden konnten. Und so gründete man auch hier in der Folgezeit weitere – zunächst private – Eisenbahngesellschaften.

So nahm etwa im Herbst 1838 die erste preußische Eisenbahn ihren Betrieb auf. Die Strecke führte zunächst über 14 Kilometer von Potsdam nach Zehlendorf, wurde aber bereits wenige Monate später bis nach Berlin verlängert. Ab Dezember 1838 trat auch die Herzoglich Braunschweigische Staatseisenbahn ihren Betrieb an. Ihre erste Linie verband die Städte Braunschweig und Wolfenbüttel. Nur knapp drei Wochen später folgte die erste Dampfeisenbahn des Rheinlands: Die Düsseldorf Elberfelder Eisenbahn eröffnete ihre erste Teilstrecke von Düsseldorf nach Erkrath.

LINKS Der „Adler“ war die erste Lokomotive Deutschlands.
RECHTS Herstellerplakette auf der „Adler“-Lokomotive

Zunächst verkehrten die deutschen Eisenbahnen noch auf recht kurzen Strecken. Dies änderte sich jedoch am 7. April 1839 mit der Eröffnung der Strecke von Leipzig nach Dresden. Sie war die erste Fernstrecke Deutschlands und konnte mit noch einer weiteren Premiere aufwarten: Der im Oktober 1839 fertiggestellte Oberauer Tunnel wurde als erster Eisenbahntunnel Deutschlands eröffnet. Für die insgesamt 120 Kilometer der Strecke benötigten Reisende damals 3 Stunden und 40 Minuten. Schon bald darauf wurde auf der Strecke ein zweites Gleis verlegt, sodass man hier bereits ab 1840 zweigleisig verkehren konnte. Und noch eine Besonderheit konnte die Strecke Leipzig–Dresden für sich verbuchen. Denn hier kam die erste in Deutschland gebaute Dampflok zum Einsatz: die von Andreas Schubert entworfene und von der Maschinenbauanstalt Übigau, Dresden gebaute Lok „Saxonia".
Der Ausbau des Eisenbahnnetzes in Deutschland ging in der Folgezeit zwar stetig voran – allerdings eher in gemächlichem Tempo. Dies hatte vornehmlich zwei Gründe: Zum einen bestand das Deutsche Reich aus mehreren kleineren Nationalstaaten und jeder dieser Kleinstaaten hatte auf seinem Gebiet die Verkehrshoheit inne. Daher gestaltete sich die Entwicklung einer einheitlichen Verkehrspolitik äußerst schwierig. Zum anderen war das Deutsche Reich zur damaligen Zeit vornehmlich eine Agrargesellschaft. Verglichen mit Ländern wie England war die Industrialisierung hier noch nicht weit fortgeschritten und es mangelte an finanzstarken Investoren, die andernorts die wachsenden Industrieländer – und somit auch eine Verbesserung der verkehrstechnischen Infrastruktur – vorantrieben. Eine etwas andere anfängliche Entwicklung im Zugverkehr fand in den Nachbarländern statt.

„Saxonia" der Maschinenbauanstalt Übigau, Dresden

Die Dampflokomotive der Bauart B1n2 wurde durch zwei Zylinder mit einem Zylinderdurchmesser von 279 Millimetern angetrieben. Der Kolbenhub betrug 406 Millimeter, der Kesselüberdruck 4,1 Bar und die Spurweite der Lok 1435 Millimeter. Mit einer Leistung von 54 PS erreichte die 8,73 Meter lange und 15 Tonnen schwere Lokomotive eine Höchstgeschwindigkeit von 50 Kilometern pro Stunde. Ab 1838 wurde sie gebaut, 1849 jedoch wieder ausgemustert.

Die „Saxonia" war die erste funktionstüchtige Dampflokomotive, die in Deutschland gebaut wurde.

Nachbau einer Lokomotive von Marc Seguin im Nederlands Spoorwegmuseum in Utrecht

Frankreich und Belgien

Zu den Pionierländern des Eisenbahnbaus gehörte auch Frankreich. Hier wurden die ersten Linien bereits ab 1827 im Kohlerevier um Saint-Étienne in Betrieb genommen. Allerdings setzte man dabei zunächst noch auf Pferdebahnen. Doch auch die Ära der Dampfloks ließ hier nicht lange auf sich warten. Maßgeblich daran beteiligt war der französische Ingenieur Marc Seguin (1786–1875). Am Anfang seiner Entwicklungen stand – ähnlich wie bei George Stephenson in England – die Verwendung eines Röhrenkessels für Dampfmaschinen. Da Seguin in den Jahren 1827 und 1828 mehrere Monate in England verbracht und in dieser Zeit auch Stephensons Fabrik besucht hatte, ist bis heute nicht eindeutig geklärt, auf wen die Idee der Konstruktion einer Dampflokomotive mit mehreren Heizrohren letztendlich zurückzuführen ist. Fest steht jedenfalls, dass Seguin am 7. Juni 1826 die Konzession für den Betrieb einer Eisenbahn auf der Strecke von Saint-Étienne nach Lyon erhielt, auf der die von ihm konstruierten Dampfloks ab 1829 erprobt und, ergänzend zur Pferdebahn, ab 1831 regulär im Zugdienst eingesetzt wurden.

LINKS Dampflokomotive von Marc Seguin von 1834/1835
RECHTS Personal des Bahnhofs Eijsden auf der Eisenbahnlinie Lüttich – Maastricht

In den Jahren 1832/33 brach schließlich in Frankreich die große Zeit der Dampflokomotiven an und auf der Strecke Roanne–Andrézieux kamen regelmäßig englische Loks zum Einsatz Auch diese Strecke diente zunächst in erster Linie dem Gütertransport. Die erste französische Eisenbahnstrecke, die ausschließlich dem Personenverkehr vorbehalten war, verkehrte ab 1837 zwischen Paris und Le Pecq.
Wie in vielen anderen Ländern kam der Ausbau des Eisenbahnnetzes auch in Frankreich zunächst nur zögerlich in Gang. Dies änderte sich jedoch mit einem Gesetz aus dem Jahr 1842, das vorsah, das gesamte Land für die Eisenbahn zu erschließen. Zu diesem Zweck erhielten private Gesellschaften Vergünstigungen, finanzielle Zuschüsse und eine großzügige Förderung beim Grundstückserwerb. Durch dieses Förderprogramm bedingt, erstreckte sich das französische Eisenbahnnetz im Jahr 1885 bereits über mehr als 30.000 Kilometer.
Eine ähnliche Entwicklung zeigte sich in Belgien, das seine Stellung unter den europäischen Eisenbahnpionieren vor allem einer rasant voranschreitenden Industrialisierung durch Kohle- und Stahlressourcen und einer hohen Bevölkerungsdichte zu verdanken hatte. So verwundert es kaum, dass hier die erste rein dampfbetriebene Eisenbahnlinie auf dem Kontinent eröffnet wurde. Sie führte von Brüssel nach Mechelen und nahm am 5. Mai 1835 ihren Betrieb auf. Bis 1842 erfolgte der Eisenbahnbau in staatlichem Auftrag. Danach wurden staatliche Konzessionen zum Ausbau des Streckennetzes vergeben. Diese Strecken wurden jedoch Ende des 19. Jahrhunderts vom belgischen Staat zurückerworben.
So schuf Belgien als erstes Land Kontinentaleuropas ein zusammenhängendes Schienennetz und konnte schon früh eines der dichtesten Eisenbahnnetze weltweit aufweisen.

Die russischen Bahnen

Eine ganz andere Entwicklung zeigte sich in Russland. Zwar verkehrte die erste Eisenbahn hier bereits ab 1837 zwischen Sankt Petersburg und der Zarenresidenz Zarskoje Selo. Anders als in vielen anderen europäischen Ländern führte die Inbetriebnahme der ersten Eisenbahnstrecke in Russland jedoch nicht zu einem Bahn-Boom. Der Ausbau des Bahnnetzes ging hier nur sehr schleppend voran, sodass das russische Eisenbahnnetz im Jahr 1847 eine Gesamtlänge von lediglich gut 380 Kilometern aufwies.

Eine frühe Besonderheit war die Spurweite, die anfänglich 1829 Millimeter betrug und somit von der andernorts üblichen Normalspurweite abwich. In der Folgezeit etablierte sich in Russland eine Spurweise von 1524 Millimetern, was insbesondere beim internationalen Bahnverkehr immer wieder zu Problemen führte. Auch heute noch sind in verschiedenen Ländern unterschiedliche Spurweiten zu finden, was unter anderem auf technische, wirtschaftliche und militärische Gründe zurückzuführen ist.

Modell der ersten russischen Dampflokomotive (1833–1834)

Und noch eine weitere Besonderheit prägte die frühen Jahre der russischen Eisenbahn: Denn 1891 begann man mit dem Bau der Transsibirischen Eisenbahn, die in der Folgezeit Weltruhm erlangen sollte. Mit einer Länge von 9300 Kilometern war die von Moskau nach Wladiwostok führende Linie die längste Bahnstrecke der Welt.

Eisenbahnen in den USA

Die Eisenbahn und der Bau von Eisenbahntrassen ist seit jeher ein beliebtes Element der nordamerikanischen Wild-West-Romantik. Und wie ein Blick in die Geschichte zeigt, ist die frühe Begeisterung für dieses faszinierende Verkehrsmittel keineswegs eine Erfindung moderner Drehbuchautoren, sondern beruht auf wahren Tatsachen. Denn bereits kurz nach der Eröffnung der ersten englischen Bahnlinie von Stockton nach Darlington regte sich auch in Nordamerika ein großes Interesse an Dampflokomotiven. Und so wurde die erste Bahnlinie der

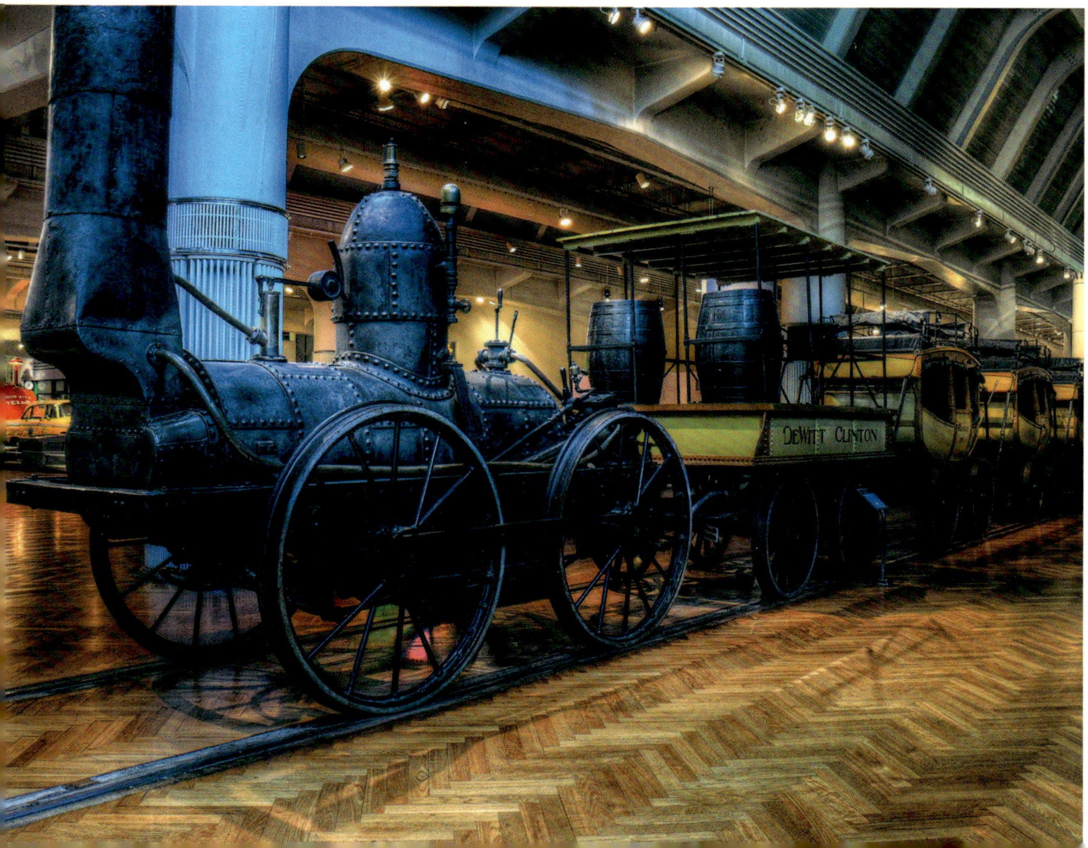

Nachbau der Lokomotive DeWitt Clinton im Henry Ford Museum. Sie wurde 1831 gebaut und war die erste Lokomotive im Staat New York.

Aktie der Baltimore & Ohio Railroad Company von 1927

Experimentallok „Tom Thumb“

Die Experimentallokomotive des Canton-Eisenwerks bei Baltimore entstand 1830, wurde jedoch noch im selben Jahr wieder ausgemustert. Die mit Anthrazitkohle befeuerte Dampflok war 4 Meter lang und 3,9 Meter hoch und erreichte eine Höchstgeschwindigkeit von 29 Kilometern pro Stunde.

US-amerikanischen Geschichte bereits 1826 in Quincy (Massachusetts) eröffnet. Sie sollte in erster Linie dem Transport von Granit aus den dortigen Steinbrüchen bis zu den Schiffsanlegestellen auf dem Neponset River dienen. Denn der Güterverkehr erstreckte sich bis dahin vornehmlich auf Flüsse und Kanäle. Da der Bau neuer Kanäle jedoch nicht überall möglich war, gewann die Eisenbahn zunehmend an Bedeutung.
Daher erblickte am 28. Februar 1827 die erste amerikanische Bahngesellschaft das Licht der Welt: Die Baltimore and Ohio Railroad wurde gegründet, um eine Eisenbahnstrecke von Baltimore nach Ohio zu errichten. Auf dieser Strecke sollten sowohl Güter als auch Personen befördert werden. Die erste Teilstrecke bis Ellicott's Mill konnte am 28. August 1830 in Betrieb genommen werden. Hatte man bis dahin die amerikanischen Eisenbahnen ausschließlich mit englischen Loks betrieben (die Amerikaner importierten insgesamt 114 Exemplare), kam hier die erste ausschließlich auf amerikanischem Boden gefertigte Dampflok zum Einsatz: die bei Baltimore gebaute „Tom Thumb“. Sie war jedoch eine Experimentallokomotive und nicht für den regelmäßigen Betrieb konzipiert.

Dampflokomotive No. 318, 1896 gebaut von den Baldwin Locomotive Works

Der Ausbau von neuen Bahnstrecken ging nun rasant vonstatten. Schließlich mussten in Amerika deutlich mehr Menschen und Güter über weitaus größere Strecken transportiert werden als in Europa – und dies ging mit keinem anderen Verkehrsmittel so schnell und komfortabel wie mit der Bahn. 1833 nahm die South Carolina Canal and Railroad die bis dahin längste Bahnstrecke der Welt in Betrieb. Sie führte über 219 Kilometer von Charleston nach Hamburg. Der rasante Fortschritt der Eisenbahn wurde jedoch 1861 bis 1865 durch den Amerikanischen Bürgerkrieg gedämpft, der eine teilweise Zerstörung der bisher bestehenden Eisenbahnanlagen mit sich brachte. Eine Wende brachte der staatlich unterstützte Bau einer transkontinentalen Strecke, der ab 1865 von den großen Eisenbahngesellschaften Union Pacific Railroad von Omaha und Central Pacific Railroad von Sacramento aus begonnen wurde. Am 10. Mai 1869 trafen die Gleise der beiden großen Bahngesellschaften am Promontory Summit in Utah zusammen. Von da an verband ein 2600 Kilometer langer Schienenstrang die Goldgräberstäde der West- mit den Wirtschaftszentren der Ostküste. In der Folgezeit entstanden weitere transkontinentale Verbindungen und ein ausgedehntes Schienennetz. Auch technische Innovationen wie die Druckluftbremse entstanden in den USA. Die große Zeit der Dampflokomotive näherte sich indes jedoch allmählich einem Ende.

Baldwin Locomotive Works

Ein herausragender Lokhersteller in der Anfangszeit des nordamerikanischen Lokomotivbaus waren die 1831 egründeten Baldwin Locomotive Works (BLW) in Philadelphia. BLW lieferte seine Dampflokomotiven praktisch an alle Bahngesellschaften Nordamerikas und fand auch in vielen anderen Ländern Abnehmer. Bis 1945 entwickelte sich Baldwin zum weltweit größten Herstellen von Dampflokomotiven. Mit dem Aufkommen der Dieselloks verlor BLW jedoch seine prominente Marktstellung. Die Geschichte des Produzenten endete 1956.

Der Sprung in die Moderne

Diesel und Elektro statt Dampf

Inzwischen gehören Dampflokomotiven längst der Vergangenheit an. Dies hat verschiedene Gründe. So gehen die weltweiten Kohlevorräte seit Langem stetig zur Neige. Zudem bedeutete es einen großen Aufwand, die nötigen Kohle- und Wasservorräte auf der Fahrt mitführen zu müssen. Und schließlich erreichen Dampfloks nicht die Geschwindigkeiten, wie man sie sich inzwischen im Bahnverkehr wünscht. Da verwundert es kaum, dass die Elektroloks ihnen inzwischen schon längst den Rang abgelaufen haben.
Denn bereits in den 1830er-Jahren gab es in mehreren Ländern erste Bestrebungen, Lokomotiven mit elektrischem Antrieb zu konzipieren. Allerdings stellte die Stromversorgung zunächst ein großes Hindernis dar. Denn die Batterien, die man zu dieser Zeit kannte, waren in den meisten Fällen schlichtweg zu schwach, um ein Fahrzeug – gegebenenfalls noch mit zusätzlichen angehängten Wagen – zu bewegen. Und Batterien, die dazu in der Lage waren, ließen sich wegen ihrer

LINKS Erste E-Lok Rumäniens, hergestellt von AEG Berlin im Jahr 1913
RECHTS Die erste elektrische Lokomotive von Siemens und Halske aus dem Jahr 1879

Größe und ihres Gewichts nicht verwenden. Gelöst werden konnten diese Probleme erst, als man eine ortsgebundene Stromversorgung entwickelte und die Lokomotiven keine Batterien mehr transportieren mussten.
Eines der ersten Modelle dieser Art wurde 1879 von Siemens und Halske auf der Berliner Gewerbeausstellung gezeigt. Auch andernorts wurden in der Folgezeit auf unterschiedlichen Ausstellungen ähnliche Bahnen vorgestellt. Diese wiesen jedoch eine Spurweite von lediglich 50 Zentimetern auf und stellten damit noch keine ernsthafte Konkurrenz für die bis dahin verbreiteten Dampflokomotiven dar.
Die erste elektrische Vollbahn Europas war die Schweizer Burgdorf-Thun-Bahn, die 1899 dem Betrieb übergeben wurde. Weitere Bahnen im elektrischen Betrieb folgten. Zusätzlich befördert wurde der Vormarsch elektrisch angetriebener Bahnen durch den Ersten Weltkrieg (1914–1918), da es in dieser Zeit vielerorts zu Engpässen bei der Kohleversorgung kam. Insbesondere dort, wo – etwa durch Wasserkraft – günstig elektrische Energie erzeugt werden konnte, konnte sich der elektrische Antrieb für Lokomotiven schnell weiter durchsetzen.

Drei Elektroloks aus dem deutschsprachigen Raum: DB 185 110, ÖBB 1116 088 Taurus und SBB Re 4/4 II Nr. 11108

Diesellok V 36. Ihre Bauart geht auf die WR 360 C 14 zurück.

Diesellokomotiven

Zunächst gab es einige technische Probleme zu lösen. Die größte Schwierigkeit bestand darin, den Motor lastfrei zu starten und erst später die Kraftübertragung zu den Treibachsen dazuzuschalten. Nach einigen Versuchen stellte sich der dieselelektrische Antrieb als passende Variante heraus. Hierbei treibt ein Dieselmotor einen Generator an, der wiederum den Strom für die elektrischen Fahrmotoren bereitstellt. Bei derartig angetriebenen Lokomotiven handelt es sich im eigentlichen Sinn um E-Loks mit einer eigenen Stromversorgung an Bord.
Eine Alternative hierzu bot die hydraulische Kraftübertragung. Lokomotiven mit dieser Antriebstechnik benötigen keine elektrischen Fahrmotoren mehr. Stattdessen wirkt der Dieselmotor auf ein Flüssigkeitsgetriebe ein, das die Drehung der Antriebswelle der Maschine auf die Räder der Lokomotive überträgt. Diese Antriebsart wurde vornehmlich in Deutschland entwickelt und vor allem hier gegenüber dem dieselelektrischen Antrieb bevorzugt. Ein frühes Beispiel war die V 140 001 der Deutschen Reichsbahn, die erste Diesellok mit hydraulischer Kraftübertragung und einer Leistung von über 1000 Kilowatt. Vor allem während

des Zweiten Weltkriegs wurden weitere Dieselloktypen entwickelt, wie etwa die Wehrmachtslokomotiven der Typen WR 200 B 14, WR 360 C 14 und WR 550 D 14. In der Nachkriegszeit wurden dann weitere Dieselloktypen für den Streckendienst der Deutschen Bundesbahn entwickelt, die mit der DB-Baureihe V 80 ihren Anfang nahmen. Dieser Loktyp bildete die Grundlage aller weiteren Entwicklungen der Deutschen Bahn auf diesem Gebiet.

Während Diesellokomotiven auch heute noch in vielen Ländern einen Großteil des Fuhrparks ausmachen, konnten sich Schienenfahrzeuge mit weiteren Antriebsarten nicht großflächig durchsetzen. Hierzu gehören beispielsweise die ab 1938 entwickelten Triebfahrzeuge mit Gasturbinenantrieb oder Schienenfahrzeuge mit Antrieben aus der Luftfahrt wie der 1929 gebaute Schienenzeppelin.

Erste Hochgeschwindigkeitszüge

Mit der Entwicklung immer leistungsfähigerer Antriebe gingen noch in der Anfangszeit der Lokomotiven viele Vorbehalte bezüglich der möglichen Auswirkungen hoher Reisegeschwindigkeiten auf den menschlichen Organismus einher. Nachdem sich jedoch im Laufe der Zeit herausgestellt hatte, dass der menschliche Körper auch hohe Geschwindigkeiten unbeschadet zu überstehen vermag, waren die Ingenieure weiter bestrebt, immer schnellere Lokomotiven zu konstruieren. Allmählich ging es dabei nicht nur um effizientere Wirtschaftswege und komfortablere, kürzere Reisezeiten sowie die Jagd nach neuen Geschwindigkeitsrekorden, auch der ab der Zwischenkriegszeit immer populärer werdende Flugverkehr setzte die Bahnbetreiber unter Konkurrenzdruck.

Ein erstes großes Ausrufezeichen in Sachen Hochgeschwindigkeit setze der deutsche Maschinenbauingenieur Franz Kruckenberg. Er konstruierte im Auftrag der Deutschen Reichsbahn einen Triebwagen mit Dieselmotor und Propeller am Heck. Dieser erreichte bereits 1931 eine Geschwindigkeit von immerhin 230 Kilometern pro Stunde. Im Regelbetrieb wurde er allerdings nie eingesetzt.

SŽD-Baureihe Ээл2

Die erste betriebstaugliche Diesel-Streckenlokomotive wurde in Esslingen für die sowjetische Eisenbahn gebaut. Hierbei handelte es sich um eine dieselelektrische Lok. Der russische Eisenbahnpionier Juri Wladimirowitsch Lomonossow steuerte die Pläne für das Fahrzeug bei. Der Bau erfolgte in den Jahren 1923 und 1924. Nachdem noch einige Verbesserungen an den Lokomotiven vorgenommen worden waren, nahmen sie 1925 ihren Betrieb auf. Sie brachte es auf eine Höchstgeschwindigkeit von 55 Kilometern pro Stunde.

Jungfernfahrt des Aérotrain I80 250 von 1969 auf der Teststrecke Ruan-Saran

In den 1950er-Jahren konstruierte der Franzose Jean Bertin seinen Aérotrain. Dabei handelte es sich um ein Luftkissenfahrzeug, das über ein Betongleis fuhr. Angetrieben wurde es zunächst von einem Propeller, später kam ein Düsentriebwerk zum Einsatz. Hiermit erreichte der Aérotrain im Jahr 1974 eine Geschwindigkeit von 430 Kilometern pro Stunde.

Anlässlich der Olympischen Sommerspiele 1964 in Tokio stellten die Japaner dann mit dem Shinkansen den ersten im Personenbetrieb fahrenden Hochgeschwindigkeitszug vor. Er erreichte als erster Personenzug eine Geschwindigkeit von über 200 Kilometern pro Stunde. Und die Entwicklung ging auch danach noch rasant weiter. So kommen die heutigen Shinkansen-Züge auf Geschwindigkeiten von etwa 360 Kilometern pro Stunde. Den noch heute bestehenden Rekord für die höchste jemals erreichte Geschwindigkeit bei Personenzügen knackte 2007 der französische Hochgeschwindigkeitszug TGV mit 574,8 Kilometern pro Stunde. Man darf also gespannt sein, welche Neuerungen die Zukunft noch bringen wird.

Auf legendären Routen

Mit dem Glacier Express durch die Alpen

Der Schweizer Glacier Express ist vor allem für Fans der Alpenwelt eine besondere Zugstrecke. Die am 25. Juni 1930 erstmals befahrene Strecke führt von Zermatt nach St. Moritz. Die Fahrt mit diesem „langsamsten Schnellzug der Welt", wie die Schweizer ihn liebevoll nennen, führt durch 91 Tunnel und über 291 Brücken. Sie dauert insgesamt knapp acht Stunden. Damit die Reisenden die Schönheit der Strecke angemessen genießen können, besteht der Zug ausschließlich aus Panoramawagen. Deren große Fenster erlauben einen nahezu ungehinderten Blick auf die Landschaft.
Eine der spektakulärsten Brücken auf der Strecke befindet sich in der Nähe des Bahnhofs Filisur, den man nach einer Fahrt von etwa sieben Stunden erreicht: Das 65 Meter hohe und 136 Meter lange Landwasserviadukt gilt als ein besonderes Wahrzeichen der Rhätischen Bahn und ist seit 2008 UNESCO-Weltkulturerbe.

GEGENÜBER Strecke des Glacier Express bei Filisur
LINKS Innenraum des Glacier Express
RECHTS Schienenkreuzfahrten kombinieren den Glacier Express mit Panoramastrecken wie der Jungfraubahn.

Die Rheinschlucht zwischen Reichenau und Ilanz, der 2044 Meter hohe Oberalppass zwischen Disentis und Andermatt sowie Zermatt mit dem Matterhorn bilden weitere Attraktionen auf der Strecke. So ist es kaum verwunderlich, dass der Glacier Express als eine der beliebtesten Touristenattraktionen der Schweiz gilt. Wer mit diesem Zug fahren möchte, kommt daher nicht ohne vorherige Buchung und Platzreservierung aus.

Abenteuer Semmeringbahn

Auch wenn die Semmeringbahn inzwischen nur eine Teilstrecke der Südbahn in Österreich bildet, hat sie einige Berühmtheit erlangt. Denn die 1854 eröffnete Strecke ist Europas erste Hochgebirgsbahn. Ihr Weg führt über 41 Kilometer von Gloggnitz über den Semmeringpass nach Mürzzuschlag. Dabei überwindet die Bahn eine Höhendifferenz von 457 Metern – eine Mitte des 19. Jahrhunderts nur schwer zu überwindende Hürde. Damit dies überhaupt gelingen konnte, mussten 16 Viadukte, 15 Tunnels und 100 gemauerte Brücken errichtet werden. Mit dem Bau waren bis zu 20.000

Die Engerth-Lokomotiven

Wilhelm von Engerth entwickelte die beim Wettbewerb der Semmeringbahn vorgeschlagenen Konstruktionen zu einer neuen Bauart weiter, die später den Namen „Engerth-Lokomotiven" erhalten sollte. Bei diesen speziellen Lokomotiven, die geeignet waren, den hohen Anforderungen im Gebirge gerecht zu werden, handelte es sich um Stütztenderlokomotiven. Bei dieser Konstruktion trug der Tender einen Teil des Gewichts des Kessels. Durch diesen technischen Kniff konnten die Loks mit einem größeren und leistungsstärkeren Kessel ausgestattet werden. Zudem konnte man so einen kurzen Radstand schaffen und die Lokomotive leichter kurvengängig machen.

Bahnhof Wolfsbergkogel auf der Strecke der Semmeringbahn in Österreich

Stopp des Venice Simplon Orient Express am Bahnhof in Russe (Bulgarien)

Menschen beschäftigt, mehr als 1000 verloren dabei ihr Leben. Nur sechs Jahre nach Baubeginn konnte die Eisenbahnstrecke eingeweiht werden.
Doch die Semmeringbahn konnte sich nicht nur mit ihrer komplizierten Streckenführung und der damit verbundenen baulichen Leistung einen Namen machen. Um die anspruchsvollen Steigungen zu meistern, benötigte man auch besonders leistungsstarke Lokomotiven. Um ein passendes Modell zu finden, wurde 1851 ein Wettbewerb ausgeschrieben. Dieser ermittelte vier geeignete Lokomotivtypen und sorgte für einen weltweiten Entwicklungsschub im Lokomotivbau. Da sich jedoch keiner davon für den praktischen Betrieb der Semmeringbahn als geeignet erwies, wurde der österreichische Ingenieur Wilhelm von Engerth damit beauftragt, die Vorteile der konkurrierenden Typen in einem Modell zu vereinen. Mit Erfolg. 1998 wurde die Semmeringbahn sogar in den Status eines UNESCO-Weltkulturerbes erhoben, da sie „eine herausragende technische Lösung eines großen physikalischen Problems in der Konstruktion früherer Eisenbahnen repräsentier[t]e".

Fahrt mit dem Orient-Express

Eine der wohl berühmtesten Bahnstrecken ist der Orient-Express. Seine klassische Route, die am 5. Juni 1883 erstmals befahren wurde, führt über 3052 Kilo-

Der Bahnhof Istanbul Sirkeci, eröffnet am 3. November 1890, wurde als Endstation des Orient-Expresses berühmt.

meter von Paris bis nach Istanbul, das zur Zeit der Erstbefahrung noch Konstantinopel hieß. Da unter dem Namen „Orient-Express“ jedoch in der Vergangenheit auch schon Züge fuhren, die in Ostende, Calais, Nizza, Berlin oder Stockholm ihren Anfangspunkt hatten, steht der Name inzwischen eher für eine besondere Kultur des Bahnreisens als für eine spezielle Streckenführung. Denn der Orient-Express ist bekannt als Luxuszug, der – gegen Zahlung eines entsprechenden Entgelts – auch gehobeneren Ansprüchen gerecht wird. Der Journalist Georges Boyer, der bei der Jungfernfahrt mit an Bord war, beschreibt dies folgendermaßen: „Innerhalb von 76 Stunden, anstatt 111 wie früher, haben wir die Strecke von Konstantinopel nach Paris zurückgelegt, und das in einem Zustand der vollkommenen Entspannung, umgeben von allerhöchstem Komfort.“ So überrascht es nicht, dass es auch viele berühmte Persönlichkeiten sich nicht nehmen ließen, mit dem Orient-Express zu reisen. Zu ihnen gehörten unter anderem Papst Pius XII., Aga Khan, König Edward VIII., Kaiser Haile Selassie und Mata Hari. Aber auch Schriftsteller wie Ernest Hemingway und Agatha Christie zählten zu seinen Reisegästen. Letztere setzte dem Luxuszug mit ihrem Roman „Mord im Orient-Express“ ein Denkmal.

An seinem legendären Ruf als Luxuszug hat sich auch heutzutage nichts geändert. Der Zug fährt mit 17 restaurierten Luxuswagen aus den 1920er- und 1930er-Jahren, drei davon sind Speisewagen. Da auch die einzelnen Abteile äu-

ßerst luxuriös ausgestattet sind, haben Zugreisende es hier eher mit einem „Luxushotel auf Rädern“ als mit einem herkömmlichen Zug zu tun.
Heute verläuft die klassische Route des Orient-Expresses zwischen London und Venedig. Insbesondere in Frankreich und in der Schweiz führt die Route bisweilen durch Landschaften von aufsehenerregender Schönheit.

Die Transsibirische Eisenbahn

Mit einer Länge von knapp 9300 Kilometern ist die Transsibirische Eisenbahn die längste Eisenbahnstrecke der Welt. Ihre klassische Route verbindet die Städte Moskau und Wladiwostok. Mittlerweile haben Reisende aber auch die Möglichkeit, nach der Vorbeifahrt am Baikalsee von der historischen Strecke abzuweichen und durch die Mongolei und durch China bis nach Peking zu fahren.

Der Baikalsee bildet einen der Höhepunkte auf der Strecke der Transsibirischen Eisenbahn.

Bahnhof auf der Strecke der Transsibirischen Eisenbahn

Auf seiner Fahrt passiert der Zug 89 Städte und hält an insgesamt 400 Bahnhöfen. Man sollte also ausreichend Zeit mitbringen, um die Reise angemessen genießen zu können. Denn würde man die komplette Strecke nonstop zurücklegen, bräuchte man dafür sieben Tage. Die meisten Reisenden nehmen sich jedoch deutlich mehr Zeit und planen verschiedene Zwischenstopps ein, um Land und Leute ein wenig näher kennenzulernen. Immerhin passiert die Transsibirische Eisenbahn auf ihrem Weg so bekannte Städte wie Jekaterinburg, Novosibirsk, Irkutsk am Baikalsee oder Khabarowsk. Nach 1777 Kilometern erreicht man zudem die Kontinentalgrenze zwischen Europa und Asien. Landschaftlich wird die Fahrt überwiegend von Wäldern und Steppen geprägt.
Reisende haben die Möglichkeit, aus zwei verschiedenen Angeboten zu wählen. Die preisgünstigere Variante ist dabei die Reise mit dem normalen Linienzug. Reiseverlauf und eventuelle Zwischenaufenthalte müssen dabei selbst geplant werden. Auf der Strecke werden aber auch Fahrten mit Sonderzügen angeboten, wobei Besichtigungstouren miteingeplant sind. Die Sonderzüge bieten meist einen größeren Komfort, für eine solche Fahrt muss man jedoch auch tiefer in die Tasche greifen.

Mit der Lhasa-Bahn aufs „Dach der Welt"

Die höchste Bahnstrecke der Welt befindet sich im Himalaya. Die 1956 Kilometer lange Strecke verbindet Xining, die Hauptstadt der chinesischen Provinz Qinghai, mit der tibetischen Hauptstadt Lhasa. Die eindrucksvolle Strecke kann jedoch mit noch weiteren Bestmarken aufwarten. Denn der neue Guanjiao-Tunnel, den die Bahn durchfährt, ist mit einer Länge von etwas mehr als 32 Kilometern der längste Tunnel Chinas. Hier erreicht der Zug auch seine Höchstgeschwindigkeit von 160 Kilometern pro Stunde. Den höchstgelegenen Bahnhof der Welt findet man ebenfalls auf der Strecke. Er befindet sich im chinesischen Ort Taggula und liegt auf einer Höhe von 5068 Metern. Damit ist die Lhasa-Bahn, die eine Fahrtdauer von etwa 17 Stunden erreicht, die höchstgelegene Eisenbahnstrecke der Welt. Um den extremen Bedingungen in dieser Höhe und den Anforderungen an die Maschinen gerecht zu werden, kommen hier besondere Züge zum Einsatz: Die Waggons sind allesamt mit Klimaanlagen, Kompressionssystemen, Höhenmessern und -anzeigen sowie mit einer Sauerstoffversorgung ausgestattet. Auch für die medizinische Versorgung der Fahrgäste ist gesorgt, da es immer wieder vorkommt, dass Passagiere von der Höhenkrankheit betroffen sind. Derart ausgestattet, gelten die Züge der Lhasa-Bahn als

General Electric Transportation Systems

Ein Teil der Lokomotiven, die auf der Lhasa-Bahn eingesetzt werden, stammt vom amerikanischen Unternehmen General Electric Transportation Systems (GETS). Anfang des 20. Jahrhunderts begann hier der Einstieg in den Lokomotivbau. Zunächst lieferte der Konzern in erster Linie die elektrischen Bauteile von Elektro- und Diesellokomotiven. Seit Ende der 1950er-Jahre stellte GETS dann auch eigene Antriebe her. Heute gehört das Unternehmen zu den weltweit größten Lieferanten für Eisenbahnunternehmen.

Bahnhof in Lhasa Tibet, vor dem Hintergrund schneebedeckter Berge

die modernsten und komfortabelsten Züge der chinesischen Bahn. Und noch ein Ausstattungs-Highlight können die Züge aufweisen: Die Waggons sind mit Panoramafenstern ausgestattet, um einen möglichst freien Blick auf die atemberaubende Natur und die grandiose Höhe des Himalaja zu gewährleisten.

Der Indian Pacific in Australien

Der Indian Pacific verbindet Perth an der Westküste mit Sydney an der Ostküste Australiens. Mit einer Gesamtlänge von 4352 Kilometern bildet diese Verbindung eine der längsten Eisenbahnstrecken der Welt. Die Reise vom Indischen Ozean zum Pazifik (daher auch der Name dieser Strecke) dauert etwa 65 Stunden. Die Strecke führt den Zug von Perth aus zunächst durch die von Menschenhand nahezu unberührte Nullabor-Wüste nach Adelaide. Viele Reisende legen hier einen längeren Halt für eine Stadtbesichtigung ein. Verschiedene Ausflugstouren können auch direkt im Zug gebucht werden. Für die Dauer dieser Touren ist jeweils ein längerer Aufenthalt des Indian Pacific eingeplant. Von Adelaide aus geht die Reise weiter durch das australische Outback und an den Blue Mountains vorbei nach Sydney.

Indian-Pacific-Zug, angeführt von einer Lokomotive der Baureihe NR25, vor der Skyline von Perth

Ein Canadian-Pacific-Zug passiert den Bow River im Banff National Park in Kanada.

Ähnlich spektakulär wie die Reiseroute ist auch der Zug an sich. Dieser verkehrt in zwei Versionen: Die kürzere Variante hat eine Länge von 403 Metern, der meist eingesetzte sogenannte „Doppelzug" misst hingegen ganze 687 Meter. Um den Indian Pacific zu bewegen, werden zwei Lokomotiven benötigt (immerhin wiegen die Waggons des Doppelzugs insgesamt mehr als 1300 Tonnen). Wer mit diesem beeindruckenden Zug Australien durchqueren möchte, kann zwischen drei Wagenklassen wählen: Luxusklasse, erste und zweite Klasse. Die Fahrpreise variieren entsprechend.

Bahnreise „Goldener Ahorn"

Kanada ist berühmt für seine atemberaubenden Landschaften: Auf der einen Seite bezaubert das Land mit den hoch aufragenden Rocky Mountains, auf der anderen locken ausgedehnte Seenlandschaften, endlose Prärien und tiefgrüne Wälder zu einer Entdeckung. Wer all dies innerhalb von etwa zwei Wochen bestaunen möchte, kann die Bahnreise „Goldener Ahorn" buchen. Hierbei handelt es sich jedoch nicht um eine Bahnstrecke im eigentlichen Sinn, denn sie kombiniert eine Fahrt quer durch Kanada mit zwei berühmten Zügen: dem Canadian und dem Rocky Mountaineer. Zunächst fährt man mit dem Canadian von Toronto bis Jasper in den Rocky Mountains. Auf seiner Fahrt durchquert der Zug die Seenlandschaften in Ontario und die Prärien in der Provinz Saskatchewan. Während der Fahrt werden auch die Niagarafälle besucht. In Jasper heißt es dann umsteigen in den Rocky Mountaineer. Die anschließende Fahrt dauert zwei Tage. Sie führt durch den Jasper- und den Banff-Nationalpark – beides UNESCO-Weltnaturerbestätten. Werden unterwegs Adler, Bären, Elche oder andere wild lebende Tiere gesichtet, drosselt der Zug seine Geschwindigkeit, damit die Reisegäste in aller Ruhe ihre Aufnahmen machen können. Entlang des Thompson und des Fraser Rivers durchquert der Rocky Mountaineer eindrucksvolle Schluchten, bevor er schließlich sein Ziel in Vancouver erreicht.

Der Tren a las Nubes (Wolkenzug)

Eine der längsten durchgehenden und auch höchsten Eisenbahngebirgsstrecken Südamerikas befindet sich im Norden Argentiniens. Sie führt über eine Länge von 217 Kilometern von Salta nach San Antonio de los Cobres. 27 Jahre hat es gedauert, in den unwegsamen Anden eine Bahnstrecke fertigzustellen.
Salta, der Ausgangsbahnhof, liegt auf einer Höhe von 1187 Metern. Den höchsten Punkt der Reise bildet das Viadukt La Polvorilla auf einer Höhe von 4188 Metern. Dieses eindrucksvolle Bauwerk aus 1600 Tonnen Stahl hat eine Länge von 224 Metern und ist 63 Meter hoch. Hier legt der Zug einen etwa halbstündigen Aufenthalt ein, bevor die Fahrt nach San Antonio de los Cobres weitergeht.
Bei einem Aufenthalt in einer Höhe, wie der Tren a las Nubes sie zu meistern hat, kann es bei Menschen, die diese großen Höhen nicht gewöhnt sind, schon einmal zu Luftnot kommen. Da jährlich etwa 30.000 Touristen diese Route befahren, sind die Betreiber der Eisenbahn auf solche Fälle vorbereitet: Der Zug führt eine spezielle Atemausrüstung mit, damit die Fahrt für alle Beteiligten problemlos vonstattengehen kann.
Zu den – im wahrsten Sinne des Wortes – atemberaubenden Höhepunkt gehören 29 Brücken und 13 Viadukte, die auf der Strecke überquert werden. Zudem müssen 21 Tunnel durchfahren werden. Darüber hinaus machen auch präkolumbianische Ruinen und malerische Siedlungen am Rande der Route sowie die karge Andenlandschaft die Reise mit dem Tren a las Nubes zu einem besonderen Erlebnis.

Dampflokomotive der Bahngesellschaft Rovos Rail an ihrem Hauptsitz, dem historischen Bahnhof von Park in Pretoria

Luxusreisen im Pride of Africa

Wer den Süden Afrikas kennenlernen möchte, kann dies auf der 6100 Kilometer langen Bahnstrecke der Pride of Africa in Angriff nehmen. Die Fahrt mit dem Luxuszug beginnt in Kapstadt und endet in Daressalam in Tansania. Auf seinem Weg durchquert der Zug Botswana, Simbabwe und Sambia. Wie viele andere Touristenzüge legt auch der Pride of Africa unterwegs viele Pausen ein und bietet den Reisenden ausreichend Gelegenheit, Ausflüge zu den Sehenswürdigkeiten in den jeweiligen Ländern zu unternehmen. So ist ein Besuch der Wildreservate in Mpumalanga ebenso vorgesehen wie Zwischenhalte an den Victoriafällen. Der Zug durchquert zudem unter anderem die Wüstenlandschaften Namibias, den Karoo National Park und die Garden Route in Südafrika. Obwohl der Zug erst seit 2010 verkehrt, orientiert sich seine Ausstattung an den Luxuszügen der 1920er-Jahre. Er bietet maximal 72 Passagieren Platz. Überall dort, wo die Versorgung mit Wasser und Kohle sichergestellt ist, wird er von einer Dampflok gezogen. Die Bahngesellschaft Rovos Rail bietet auf der Strecke unterschiedliche Reisen an – von der 48-stündigen Schnupperfahrt bis hin zur 14-tägigen Reisevariante.

TECHNISCHE ENTWICKLUNG

Um einen Zug in Bewegung zu setzen, ist eine Menge technisches Wissen nötig. Zum einen braucht man einen leistungsstarken Antrieb, um die viele Hundert Tonnen schweren Verkehrsmittel auf Geschwindigkeit zu bringen. Zum anderen benötigt man aber auch entsprechende Bremsvorrichtungen. Auch, um die Sicherheit im Fahrbetrieb zu gewährleisten, sind daher inzwischen viele technische Errungenschaften im Einsatz. Wie viel Technik wirklich im Zugverkehr steckt und wie diese funktioniert, erfahren Sie im folgenden Kapitel.

Lokomotiven mit Dampfantrieb

Newcomens Dampfmaschine

Wie im vorangegangenen Kapitel beschrieben, wurden frühe Schienenfahrzeuge noch von Pferden gezogen. Diese leisteten zuverlässig ihre Arbeit, boten jedoch, verglichen mit Kutschen und anderen bis dahin bekannten Fuhrwerken, nur geringe Vorteile. Dies änderte sich jedoch grundlegend, als die Dampfmaschine erfunden wurde. Sie wurde nicht nur zum Motor der Industrialisierung, sondern sollte auch den Güter- und Personenverkehr revolutionieren.
Wer einen Dampfkochtopf besitzt, weiß, wie viel Energie im Wasserdampf enthalten ist. Schließlich kann es bei falscher Benutzung sogar so weit kommen, dass der Kochtopf explodiert. Obwohl es im frühen 18. Jahrhundert noch keine Dampfkochtöpfe gab, war die Kraft des Dampfes auch schon den damaligen Tüftlern und Erfindern bekannt. Die Bemühung um die Nutzung dieser Energie zum Antrieb von Maschinen lag da nahe. Der Erste, dem dies gelang, war der Engländer Thomas Newcomen. Er stellte 1712 seine Dampfmaschine vor.

GEGENÜBER Führerstand einer Dampflokomotive
LINKS Nach Vorbild der Newcomen-Dampfmaschine erbaute Dampfpumpe
RECHTS Newcomens Dampfmaschine auf einer Briefmarke aus dem Jahr 2012

Newcomens Maschine funktionierte folgendermaßen: In einem Kessel wurde Wasser erhitzt und somit Dampf erzeugt. Dieser Dampf strömte dann durch ein Ventil in einen nach oben geöffneten Zylinder und drückte einen Kolben nach oben. An einem bestimmten Punkt unterbrach eine Mechanik die Dampfzufuhr. Der Zylinder kühlte sich ab und der Dampf kondensierte. Dadurch sank auch der Druck im Zylinder. War der Luftdruck außerhalb des Zylinders höher als in seinem Inneren, wurde der Kolben im Zylinder wieder nach unten gedrückt. Ein großer Teil der Arbeit wurde bei Dampfmaschinen dieser Bauweise demnach nicht vom Dampf, sondern vom Luftdruck erzeugt. Daher spricht man in diesem Zusammenhang auch von atmosphärischen Dampfmaschinen.
Atmosphärische Dampfmaschinen erfüllen ihren Zweck jedoch nur bis zu einem gewissen Grad. Denn aufgrund des nach oben geöffneten Zylinders geht bei ihrer Nutzung viel Energie verloren. Somit war der Wirkungsgrad dieser Maschinen nicht besonders hoch, sodass sie sich nicht zum Antrieb von Lokomotiven eigneten.

Nieder- und Hochdruckdampfmaschinen

Um eine Dampfmaschine mit einem ausreichend hohen Wirkungsgrad zu entwickeln, waren einige Verbesserungen nötig. Ein Vorreiter dieses Prinzips war die Dampfmaschine des Iren James Watt, bei der der Dampf im Wechsel auf beide Seiten des Kolbens wirkte. Das grundlegende Funktionsprinzip einer solchen Dampfmaschine, wie sie später auch in Lokomotiven zu Einsatz kommen sollten, ist Folgendes: Wie bei der atmosphärischen Dampfmaschine wird auch hier zunächst Wasserdampf erzeugt. Dieser Dampf strömt durch ein Ventil auf die eine Seite des Kolbens und drückt ihn im Zylinder zur Seite. Der Kolben ist wiederum mit einer Mechanik verbunden, die dafür sorgt, dass die Dampfzufuhr unterbrochen wird, wenn der Kolben einen bestimmten Weg zur Seite zurückgelegt hat. Gleichzeitig öffnet sich ein weiteres Ventil. Nun kann Dampf auf die andere Seite des Kolbens einströmen und der Kolben wird wieder zurückgeschoben.
Bei Dampfmaschinen dieser Bauart sorgt der Dampf also für alle Bewegungen des Kolbens. Je nach Höhe des verwendeten Dampfdrucks unterscheidet man bei diesem System zwischen Niederdruck- und Hochdruckdampfmaschinen.

Mallet-Dampflok aus den 1930er-Jahren in Eritrea

Weiterentwicklung: Verbunddampfmaschinen

Eine Weiterentwicklung dieses Systems war die ab 1876 vom Schweizer Ingenieur Anatole Mallet für den Antrieb von Lokomotiven erprobte Verbundtechnologie, die bei ortsfesten Dampfmaschinen bereits eingesetzt worden war. Bei diesem System werden mehrere Einheiten, die aus jeweils einem Zylinder mit einem Kolben bestehen, hintereinander angeordnet, um die Dampfdehnung nach dem Auslass aus dem Hochdruckzylinder nochmals in einem in Dampfrichtung nachgeordneten Niederdruckzylinder nutzen zu können. Somit wurde die thermische Energie des Dampfes besser ausgenutzt.
Mallet stattete eine zweizylindrige Lokomotive für die Eisenbahn Biarritz-Bayonne mit einem Hoch- und einem Niederdruckzylinder aus, in denen die Dampfdehnung nacheinander stattfand. Somit erzielte er im Vergleich zu Lokomotiven mit einfacher Dampfdehnung eine Brennstoffersparnis von 25 Prozent. Da diese Bauweise jedoch höhere Instandhaltungskosten zur Folge hatte, setzten

sich schließlich Lokomotiven mit zwei oder drei Zylindern und nur einer Expansionsstufe durch – vor allem in Ländern, in denen Kohle verhältnismäßig günstig und gut verfügbar war.

Die Kraftübertragung

Eine Maschine, mit der sich eine Menge Kraft erzeugen ließ, war mit der Dampfmaschine also vorhanden. Nun musste die Bewegung der Kolben von links nach rechts und wieder zurück nur noch in eine Drehbewegung der Räder umgesetzt werden. Diese Aufgabe übernahm eine gewisse Anzahl an Stangen und Gelenken, die an den Rädern montiert waren. In der einfachsten Bauweise einer Dampflokomotive wurde nur eine Achse von einer Dampfmaschine angetrieben. Um dies zu bewerkstelligen, benötigte man zwei feste Stangen und ein als Kreuzgelenk bezeichnetes Gelenkelement. Eine der Stangen, die Treibstange, führte von der Dampfmaschine zum Kreuzgelenk. Sie vollführte also die gleichen Bewegungen wie der Kolben. Die zweite Stange – man nennt sie Schubstange – war an einer Seite im äußeren Bereich eines Rades montiert und an der anderen Seite mit dem Kreuzgelenk verbunden.
Das Kreuzgelenk wiederum war auf einer Führung montiert. Diese erlaubte es dem Gelenk, sich je nach Bewegung der Treibstange nach vorne und hinten zu bewegen. Der Schubstange auf der anderen Seite war noch eine Bewegung nach oben oder unten möglich. Dieses System ermöglichte die Drehbewegung des angetriebenen Rades.
Oft waren auch die weiteren Räder der Lok mit dem Antriebsrad verbunden. Sie wurden über waagerechte Stangen (Kuppelstangen) jeweils an der gleichen Stelle der Räder montiert, um die Kraft auf die übrigen Räder zu übertragen. Auf die beschriebene Art und Weise lassen sich auch mehrere Räder einer Lokomotive direkt antreiben. Das hierbei zugrunde liegende Prinzip ist jedoch dasselbe.

Mallet-Lok 403

Die von dem Schweizer Ingenieur Anatole Mallet entwickelte Lokomotive wurde insbesondere bei Strecken mit schwierigen Steigungen oder bei großen Zuglasten eingesetzt. Um dies zu erreichen, ist die hintere Achsgruppe fest am Hauptrahmen gelagert. Die vorderen Achsen laufen in einem Drehgestell. Durch diese Konstruktion erreichte Mallet eine gute Kurvengängigkeit. Angetrieben wurde die Lok von einer Vierzylinder-Verbund-Dampfmaschine. Dabei durchströmte der Dampf zunächst die hinten gelagerten Hochdruckzylinder und gelangte dann über eine Zuleitung zu den vorderen Niederdruckzylindern.

Räder und Radsätze von Dampfloks

Ohne Räder läuft auch auf der Schiene nichts. Daher soll an dieser Stelle ein kleiner Blick auf diese wichtigen Bauteile geworfen werden. Die Räder einer Lokomotive sind für gewöhnlich fest auf eine Radsatzwelle montiert. Die Radsatzwelle einer Lokomotive ist das, was man bei einem Auto als Achse bezeichnen würde. Die Räder einer Radsatzwelle können nicht gegeneinander gedreht werden und bilden zusammen mit der Radsatzwelle eine feste Einheit, die als Radsatz bezeichnet wird. Bei Dampflokomotiven kamen üblicherweise Speichenräder zum Einsatz, auf die sogenannte Radreifen montiert wurden.
Grundsätzlich lassen sich drei verschiedene Arten von Radsätzen unterscheiden: Die Radsätze, die von den oben beschriebenen Gestängen direkt angetrieben werden, nennt man Treibradsätze. Radsätze, die über Kuppelstangen mit den Treibradsätzen verbunden sind, tragen den Namen „Kuppelradsätze". Außerdem gibt es noch Radsätze ohne Antrieb, die als Laufradsätze bezeichnet werden.

Triebradsatz einer DR-Einheits-Güterzuglokomotive der Baureihe 50

Saug- und Druckluftbremsen

Ebenso wichtig wie der effektive Antrieb eines Zuges sind sicher arbeitende Bremsen, die dafür sorgen, dass ein Zug dann stehen bleibt, wenn er es soll. Darüber hinaus müssen alle Wagen eines Zuges möglichst gleichmäßig abgebremst werden, damit einzelne Wagen beim Bremsvorgang nicht beschädigt werden.
In der Frühzeit der Lokomotiven bildete der Bremsvorgang einen gesonderten Arbeitsbereich. Die entsprechende Berufsbezeichnung lautete „Bremser“. Hierbei handelte es sich um eine Person pro Wagen, deren Aufgabe es war, auf ein Zeichen des Lokführers hin manuell eine Bremse zu betätigen. Vom Haltesignal des Lokführers bis zur Reaktion aller Bremser konnte es häufig recht lange dauern, und so bremsten die Züge recht ungleichmäßig. Zudem war die Arbeit der Bremser gefährlich und nicht selten kamen sie dabei ums Leben. So ist es kaum verwunderlich, dass sich die Ingenieure schon früh an die Entwicklung alternativer Bremsvorrichtungen machten.

Güterwaggons der Gurktal-Museumsbahn mit Bremserhaus

Kriegslokomotive der Baureihe 52 der Deutschen Reichsbahn mit Wannentender (Sonderform des Schlepptenders)

Tender- und Schlepptenderloks

Damit Dampflokomotiven betrieben werden können, müssen sie Wasser und Kohle mitführen. Der Behälter, der diesem Zweck dient, nennt sich Tender. Man unterscheidet prinzipiell zwei Arten von Lokomotiven: Tender- und Schlepptenderloks. Bei den Tenderloks ist der Tender fest auf der Lokomotive montiert, was die Lok entsprechend schwer macht. Schlepptenderloks führen den Tender hingegen als fest mit der Lok verbundenes eigenes Fahrzeug mit. Dies hat den Vorteil, dass sich darin größere Menge an Wasser und Kohle befördern lassen.

Ziel dieser Entwicklungen war es, die Bremsen zentral von der Lok aus auslösen zu können. Recht bald bot sich die Idee an, die Dampfkraft des Lokomotivantriebs auch zum Bremsen zu nutzen. Zunächst entwickelte man hierzu sogenannte Saugluftbremsen. Bei diesem System wird mittels eines dampfbetriebenen Luftsaugers in der Bremsleitung, die von der Lok zu allen Wagons führt, ein Unterdruck erzeugt. Wird im Bremszylinder, der an den jeweiligen Bremsen montiert ist, ein Unterdruck ausgelöst, zieht die Bremse an. Beim Bremsvorgang werden Stahlklötze auf die Räder gepresst und der Zug bremst ab.

Genau umgekehrt arbeiten die Druckluftbremsen. Hierbei wird – ebenfalls durch Dampfkraft – in der Bremsleitung ein Überdruck erzeugt. Die einzelnen Bremsen sind bei dieser Bauweise mit Hilfsluftbehältern ausgestattet. Diese werden zunächst mit Druckluft befüllt. Solange in der Bremsleitung ein entsprechender Überdruck herrscht, wird der Zug nicht abgebremst. Lässt man den Druck in der Bremsleitung hingegen entweichen, strömt Luft aus den Hilfsluftbehältern in die Bremszylinder und ein Bremsklotz wird auf das Rad gedrückt. Der Zug bremst ab.

Elektrisch angetriebene Loks

Das dynamoelektrische Prinzip

Fast zeitgleich mit der Entwicklung der Dampflokomotiven begann auch die der Elektroloks. Allerdings bedurfte es einiger Erkenntnisse und Erfindungen, bis sich die elektrisch betriebenen Züge gegenüber anderen Technologien durchzusetzen begannen.
Die Nutzung elektrischer Energie als Fahrzeugantrieb basiert im Wesentlichen auf der Erkenntnis, dass sich aus einer Drehbewegung Strom erzeugen lässt: Montiert man auf einen angetriebenen Rotor ausreichend starke Magnete und lässt diese dann rotieren, setzt man den Stromfluss in benachbart angeordneten Stromleitern in Gang. Je größer die benötigte Strommenge ist, desto stärker müssen auch die verwendeten Magnete sein. Allerdings sind diese auch entsprechend schwer und teuer.
Der Erfinder Werner von Siemens entdeckte daher ein Prinzip, das die schon bekannte Technologie revolutionierte: Indem man anstelle von Magneten einen mit

GEGENÜBER Elektrische Lokomotive von schräg oben
LINKS Gleichstrommaschine von Siemens und Halske
RECHTS Werner von Siemens (1816–1892) auf einem zeitgenössischen Stich

Kupferdraht umwickelten „Anker“ (Eisenkern) rotieren lässt, erzeugt man einen schwachen Stromfluss. Dieser verstärkt den anfangs geringen Magnetismus des „Ankers“ und macht aus diesem einen Elektromagneten. Durch den so gesteigerten Magnetismus erhöht sich auch der Stromfluss und der Elektromagnet wird wiederum stärker. Diese gegenseitige Verstärkung setzt sich bis zu einer bestimmten magnetischen Sättigungsgrenze fort. Ist diese erreicht, läuft das System stabil und liefert den gewünschten Strom.

Die erste Elektrolok von Siemens & Halske

Die kleine, zweiachsige Lok von Siemens & Halske mit einer Spurweite von 500 Millimetern brachte es voll besetzt immerhin auf eine Geschwindigkeit von 6 Kilometern pro Stunde. Ohne Fahrgäste erreichte sie sogar 13 Kilometer pro Stunde. Die Betriebsspannung für die Lok betrug 150 Volt Gleichstrom, die Leistung 2,2 Kilowatt. Die Stromversorgung erfolgte hierbei durch einen Dynamo, der eine mittig im Gleis verlegte Stromschiene speiste.

Erste elektrische Eisenbahn von Siemens & Halske

Zusammen mit dem Feinmechanikermeister Johann Georg Halske hatte Werner von Siemens bereits 1847 das nach ihnen benannte Unternehmen gegründet, das sich zunächst der Entwicklung und Produktion eines elektrischen Zeigertelegrafen widmete.
Eine neue Unernehmenssparte war geboren, als Werner von Siemens im Jahr 1866 das dynamoelektrische Prinzip entdeckte. Denn durch diese Entdeckung bot sich den Unternehmern die Möglichkeit, den Elektromotor als neue Antriebstechnik zur Personen- und Güterbeförderung zu verwenden.
Auf der Berliner Gewerbeausstellung 1879 zeigten Siemens und Halske dann die weltweit erste elektrische Lokomotive mit Fremdstromversorgung. Die Lok zog während ihrer Vorführung drei Wagen mit je sechs Sitzplätzen auf einem 300 Meter langen Rundkurs. In den vier Monaten der Ausstellung beförderte die Lok auf ihrem kleinen Rundkurs 85.000 Personen. Mit dieser Vorführung konnten Siemens & Haske zeigen, dass diese Technologie es wert war, weiterentwickelt zu werden, um sie in der Folgezeit auch im regulären Eisenbahnverkehr einsetzen zu können. Damit waren die Weichen für den Einstieg des Unternehmens in den elektrischen Eisenbahnbetrieb gestellt. Und der darauffolgende Erfolg sollte den Entwicklern recht geben: Seit über 140 Jahren zählt Siemens nun inzwischen zu den wichtigsten Unternehmen auf diesem Gebiet.

Rotor eines Dreh-strom-Fahrmotors im Werk Dessau der DB Fahrzeuginstand-haltung

Funktionsweise von Elektromotoren

Dasjenige Bauteil, das in einem dynamoelektrischen System den elektrischen Strom erzeugt, wird als Generator bezeichnet. Beim Elektromotor wird im Grunde das Prinzip des Generators umgedreht: Man hat elektrischen Strom und möchte damit eine Drehbewegung erzeugen. Hierzu nutzt man wiederum einen Rotor. Dieser besteht aus einem drehbaren „Anker" mit einer Spule, der durch Strom zu einem Elektromagneten wird. Um den Rotor herum wird ein unbewegliches magnetisches Bauteil, der Stator, montiert.

Hierbei macht man sich das physikalische Prinzip zunutze, dass sich Magnete mit gleichen Polen abstoßen und solche mit entgegengesetzten Polen anziehen: Lässt man durch die Spule des Elektromagneten Strom fließen, baut sich ein Magnetfeld auf und der Rotor dreht sich so lange, bis sich die entgegengesetzten Pole des Rotors und Stators aufeinander ausgerichtet haben. Damit sich die Drehbewegung weiter fortsetzt, unterbricht man die Stromzufuhr für den Elektromagneten des Rotors kurz und polt sie um. Das Magnetfeld ändert sich und der Rotor dreht sich weiter.

Die beschriebene Funktion entspricht der eines Gleichstrommotors. Verwendet man stattdessen Wechselstrom, der sich 50 Mal pro Sekunde selbst umpolt, muss

Russischer Elektrotriebwagen der Baureihe ET2 mit Gleichstromantrieb und Nutzbremse

man auch eine entsprechende Umpolung des Stators vornehmen. Das Grundprinzip unterscheidet sich jedoch nicht.

Transformatoren zur Spannungsumwandlung

Mit dem Elektromotor sind die Voraussetzungen für den Betrieb einer Elektrolok gegeben. Zum Betrieb einer Elektrolok ist jedoch auch die passende Stromversorgung nötig. Dies geschieht in der Regel durch über dem Gleis angeordnete Oberleitungen oder seltener über Stromschienen. Um den Strom auf diese Weise über weite Strecken transportieren zu können, ist jedoch eine sehr hohe Spannung nötig – hierzulande meist 15.000 Volt. Da derart hohe Spannungen nicht dazu geeignet sind, die Elektromotoren einer Lokomotive zu betreiben, benötigt man ein Bauteil, das aus den hohen Spannungen der Oberleitung niedrige Spannungen für die Motoren erzeugt: einen Transformator.

Die wesentlichen Bauteile eines Transformators sind zwei Spulen: die Primärspule und die Sekundärspule. Wird die Primärspule von Strom durchflossen, baut sich ein Magnetfeld auf, das zunächst unverändert bleibt. Legt man nun aber Wechselstrom an die Primärspule, so ändert sich das Magnetfeld stetig und erzeugt in der Sekundärspule eine Spannung. Wie genau sich die Spannung verändert, ist von den Proportionen der beiden Spulen zueinander abhängig: Ist die Primärspule größer als die Sekundärspule, wird die Spannung verringert und umgekehrt. Auf diese Weise lässt sich genauestens steuern, welche Spannung ein Transformator liefert.

Aufbau von Elektrolokomotiven

Zu ihrer Stromversorgung benötigt eine E-Lok eine entsprechende Vorrichtung. Diese Vorrichtung wird Stromabnehmer genannt. Bei Loks, die mit einer Oberleitung versorgt werden, ist dies ein Bügel, der auf dem Dach montiert ist. Dieser kann ausgefahren werden und stellt so den Kontakt mit der Oberleitung her. Das Heben und Senken des Stromabnehmers erfolgt mittels Druckluft. Den Kontakt zur Oberleitung gewährleistet die sogenannte Schleifleiste. Sie besteht aus einem Aluminiumgrundkörper, auf dem ein aus einem Kohleverbundstoff bestehendes Schleifstück aufgeklebt ist. Solange die Schleifleiste die Leitung berührt, kann Strom fließen.

Oberleitungen bilden heutzutage die häufigste Stromversorgung von Elektroloks. Daneben gibt es jedoch noch eine weitere Möglichkeit, und zwar mittels Stromschiene. Hierbei handelt es sich um eine zusätzliche stromführende Schiene, die entweder in der Mitte des Gleises oder neben dem Gleis verlegt ist. Die Stromversorgung erfolgt hierbei über einen Bügel, der an der Schiene entlangschleift, um

Stromabnehmer einer Elektrolokomotive

den Strom abzunehmen. Er wird entweder seitlich oder von oben an die Schiene herangeführt.
Neben der Stromschiene oder Oberleitung, die ihr als Stromquelle dient, benötigt eine Elektrolok auch einen Traktionsstromrichter. Seine Aufgabe ist es, den durch die Oberleitung oder die Stromschiene zur Verfügung gestellten Strom so umzuwandeln, dass die Fahrmotoren damit betrieben werden können. Hierbei handelt es sich um Elektromotoren, die die einzelnen Radsätze der E-Lok antreiben.
Die Radsätze bei einer E-Lok sind meist in Drehgestellen montiert. Dies sind bewegliche Rahmen, die gegenüber dem Wagenkasten drehbar sind. Im Gegensatz zu starr am Wagenkasten angebrachten Achsen haben sie unter anderem den Vorteil, dass sich damit engere Bögen durchfahren lassen. Je nach Bauart trägt ein Drehgestell zwei oder drei Radsätze. Bei Lokomotiven mit einer Höchstgeschwindigkeit von etwa 140 bis 160 Kilometern pro Stunde wird der Motor so eingebaut, dass er teilweise vom Drehgestellrahmen getragen wird und teilweise fest auf der Radsatzwelle (siehe S. 51) sitzt. Man nennt eine solche Konstruktion einen Tatzlagerantrieb. Bei Lokomotiven, die höhere Geschwindigkeiten fahren,

Elektrotriebwagen TMR BDeh 4/4 7 mit Stromschiene

SBB Ce 6/8 II 14253 und SBB Be 4/7 12504 auf einer Eisenbahnbrücke bei Wattingen (Schweiz)

SBB Be 4/7

Die SBB Be 4/7 ist eine elektrische Drehgestelllokomotive. Sie wurde Anfang der 1920er-Jahre im Auftrag der Schweizerischen Bundesbahnen speziell für den Betrieb auf der Gotthardbahn entwickelt. Das Besondere dieser Lokomotive stellt ihr Antrieb dar. Anders als damals üblich, verwendete man hier keinen Stangenantrieb, sondern einen Einzelachsantrieb, der auf die Triebachsen wirkte. Der Antrieb erfolgte dabei durch je ein Doppel- oder Zwillingsmotorpaar. Die vier Motoren brachten eine Leistung von 1170 Kilowatt und erzeugten eine Höchstgeschwindigkeit von 80 Kilometer pro Stunde.

sind die Fahrmotoren normalerweise vollständig am Drehgestellrahmen oder am Lokomotivkasten angebracht. Hierbei kommen zumeist Hohlwellenantriebe zum Einsatz. Der Fahrmotor treibt bei dieser Technologie eine Hohlwelle an, die die Radsatzwelle umgibt. Die Hohlwelle ist wiederum mit den Rädern verbunden. Über die in der Hohlwelle liegende Radsatzwelle wird auch das gegenüberliegende Rad mit angetrieben.
Ebenso wie Dampfloks sind auch Elektrolokomotiven oft mit Druckluftbremsen ausgestattet. Moderne Lokomotiven weisen jedoch auch sogenannte Nutzbremsen auf. Zum Bremsen wird der Fahrmotor hierbei umgeschaltet und die Bewegungsenergie wird wieder in elektrische Energie umgewandelt – der Fahrmotor wird zum stromerzeugenden Generator. Der hierbei produzierte Strom wird über den Transformator wieder in die Fahrleitung eingespeist. Einige Lokomotive ermöglichen es auch in Situationen, in denen der Strom nicht rückgespeist werden kann, den beim Bremsen erzeugten Strom über am Fahrzeug montierte belüftete Bremswiderstände in Wärmeenergie umzuwandeln. Die Bewegungsenergie geht verloren und es kommt zu einem Bremseffekt. Besonders bei Hochgeschwindigkeitszügen kommen vermehrt

Ein ICE 3 am Bahnhof Fürth. Alle ICE-3-Züge sind mit Wirbelstrombremsen ausgestattet.

Wirbelstrombremsen zum Einsatz. Der Bremsvorgang erfolgt hierbei über am Zug befestigte starke Elektromagnete, die sich dicht über der Schiene befinden. Beim Bremsen wird Strom durch den Elektromagneten geleitet. Hierdurch entstehen zwischen ihm und der Schiene magnetische Kräfte, die den Zug schnell abbremsen. Da diese Magnetkräfte sich erst mit der Höhe der Geschwindigkeit ausreichend verstärken, lassen sich Wirbelstrombremsen nur bei hohen Geschwindigkeiten einsetzen.

Stromnetze für Elektroloks

Elektrische Lokomotiven lassen sich mit verschiedenen Stromarten betreiben: Gleichstrom, Wechselstrom und Drehstrom. Hierfür kommen jeweils unterschiedliche Motoren zum Einsatz, die sich in bestimmten Bauteilen unterscheiden. Wie der Name schon erahnen lässt, ist Gleichstrom ein in Stärke und Richtung konstanter Strom. Gleichstrom weist auch eine konstante Spannung auf.

Handelsübliche Batterien liefern beispielsweise Gleichstrom. Gleichstrom wurde bereits bei den ersten elektrischen Schienenfahrzeugen verwendet. Denn Gleichstrommotoren gelten als einfach zu handhaben und robust. Das bedeutet, beim Betrieb mit Gleichstrom treten nur selten technische Probleme auf. Allerdings ist es nicht einfach, Gleichstrom über Stromnetze (etwa mit Oberleitungen) zu transportieren. Hier hat man mit vergleichsweise hohen Verlusten zu kämpfen. Auch ist die Höhe der Spannung begrenzt – sie liegt bei etwa 3000 Volt. Und schließlich lässt sich die Höhe der Gleichspannung auch nicht über einen Transformator regeln.

Dies alles sind gute Gründe, nicht auf Gleichstrom als bevorzugte Energiequelle für elektrische Lokomotiven zu setzen. Dennoch gibt es Länder und Regionen, in denen er noch immer zum Einsatz kommt. In Frankreich und den Niederlanden fährt man beispielsweise zum Teil mit Spannungen bis 1500 Volt. Belgien, Italien, Slowenien und Südamerika setzen in ihren Gleichstromnetzen auf eine Spannung von 3000 Volt. Außerdem werden viele U-Bahnen und Straßenbahnen mit Gleichstrom betrieben.

Eine Alternative ist der Wechselstrom. Auch hier gibt der Name bereits Aufschluss über die Eigenschaften. Denn beim Wechselstrom ändern die Elektronen ihre Fließrichtung in regelmäßigen Abständen. In unserem Stromnetz geschieht dies 50 Mal pro Sekunde – man spricht in diesem Zusammenhang von einer Frequenz von 50 Hertz (Hz). Die Frequenz ist aber nicht als physikalischer Wert festgeschrieben, sie kann auch eine andere Größe aufweisen.

LINKS Wechselstromlok Siemens Vectron AC 193 224 der European Locomotive Leasing (ELL) **RECHTS** Stromabnehmer einer Drehstromlok De 2/2

Der große Vorteil des Wechselstroms liegt in seiner Übertragung. Besonders bei hohen Spannungen kann dieser Strom ohne große Verluste über weite Strecken transportiert werden. Darüber hinaus lässt sich Wechselstrom leicht mit einem Transformator an die jeweiligen Bedürfnisse anpassen. Das heißt, zur Energieversorgung kann ein sehr hoher Wechselstrom verwendet werden, der dann für den Betrieb des Motors einer Lokomotive über Transformatoren auf niedrigere Werte heruntergespannt wird. Viele Bahnen in Europa verwenden Wechselstromnetze, die sich allerdings in der Höhe der Spannung und der Frequenz unterscheiden können.

Die dritte Stromart, der Drehstrom, wird auch als Dreiphasenwechselstrom bezeichnet. Dies zeigt schon, dass es sich hierbei um eine besondere Form des Wechselstroms handelt – und zwar um einen mit drei stromführenden Leitungen. Hierzu werden besondere Generatoren verwendet, bei denen drei Spulen im 120°-Abstand rund um ein sich drehendes Magnetfeld angeordnet werden. Jede dieser Spulen erzeugt einen Wechselstrom. Diese Ströme wechseln aber nicht zum gleichen Zeitpunkt, sondern zeitlich zueinander verschoben.

Drehstrommotoren haben den großen Vorteil, dass sie sowohl unter Gleichspannung als auch unter Wechselspannung betrieben werden können. Drehstrommotoren sind recht einfach aufgebaut und gelten als sehr robust und daher wartungsarm. Daher werden sie heutzutage gerne als Fahrmotoren für Elektrolokomotiven eingesetzt.

RA 341–342

Diese beiden Lokomotiven der Baureihe 34 bildeten die erste Lokomotivserie für die oberitalienische Veltinbahn. Die Loks bestanden jeweils aus zwei zusammengekuppelten Hälften, die über einen eigenen Unterbau und Antrieb, ein eigenes Fahrgestell und ein eigenes Führerhaus verfügten. Außerdem hatten sie jeweils einen Einzelachsantrieb. Betrieben wurden die Lokomotiven mit Drehstrom. Die Energieversorgung erfolgte dabei einerseits durch eine zweipolige Oberleitung und andererseits über das Gleis als dritte Leitung. Auf diese Weise erreichte man eine Leistung von 440 Kilowatt. Die RA 341 und die 342 fuhren eine Höchstgeschwindigkeit von 36 Kilometer pro Stunde.

Stromzufuhr aus Oberleitungen

Der Strom muss von der jeweiligen Energiequelle zu den Lokomotiven transportiert werden. Dies geschieht zumeist mit Oberleitungen. Sie prägen heutzutage das Bild der meisten Bahnstrecken. Oberleitungen sind horizontal gespannt und werden in regelmäßigen Abständen von speziellen Masten gehalten. Zudem gibt

Oberleitungen für E-Loks am Bahnhof Basel SBB

es verschiedene Vorrichtungen, die dafür sorgen, dass die Oberleitung immer richtig gespannt ist und nicht zu weit „durchhängt". Diese zusätzlichen Tragseile werden als Kettenwerk bezeichnet.

Die stromführende Leitung selbst nennt man Fahrdraht oder Fahrleitung. Diese besteht zumeist aus besonderen Kupferlegierungen. In Tunneln ist die Oberleitung für gewöhnlich als stromführende Metallschiene ausgelegt.

Der Querschnitt der Fahrleitungen variiert je nach übertragener Stromstärke und Abstand der Leitungsmasten voneinander. Die Deutsche Bahn verwendet auf ihren Hochgeschwindigkeitsstrecken beispielsweise Fahrleitungen mit einem Querschnitt von 120 Quadratmillimetern.

In regelmäßigen Abständen wird Strom aus dem öffentlichen Stromnetz oder dem Hochspannungsbahnstromnetz in die Oberleitungen eingespeist. Diese Einspeisepunkte werden auch Unterwerke genannt. Bei Wechselstrombahnen ist dies etwa alle 60 bis 80 Kilometer der Fall, bei Gleichstrombahnen alle 25 Kilometer.

MAX. SPEED
90 M.P.H.
M.P.H.
rush Electrical Engineering Co. Ltd.

Die Technik der Dieselloks

Zwei Bauarten

Die dritte und jüngste grundlegende Antriebstechnik bei Lokomotiven ist der Dieselantrieb. Bei Diesellokomotiven unterscheidet man im Wesentlichen zwei unterschiedliche Bauarten: Lokomotiven mit dieselelektrischer Kraftübertragung und Lokomotiven mit hydraulischer Kraftübertragung. Dieselelektrische Lokomotiven nutzen den Dieselmotor dazu, einen Generator zu betreiben. Dieser Generator stellt den Strom für den eigentlichen elektrischen Antrieb der Lok zur Verfügung. Hierbei handelt es sich im Prinzip um Elektroloks, die ihr eigenes „Kraftwerk" mit an Bord haben. Hierdurch lassen sich die Stärken der Elektrolok auch auf Strecken, die nicht über eine Stromversorgung verfügen, nutzen. Lokomotiven dieser Bauart gehören in weiten Teilen der Welt zum Standard.
Einige Länder wie z. B. Deutschland bevorzugen jedoch Diesellokomotiven mit hydraulischer Kraftübertragung. Der Dieselmotor dient hierbei nicht der Stromerzeugung, sondern ist direkt für den Antrieb zuständig. Wie genau dies funktioniert, soll in den folgenden Abschnitten erklärt werden.

Der Dieselmotor

Das zentrale Bauteil des Dieselmotors ist der Zylinder. In ihm befindet sich ein beweglicher Kolben. Zudem verfügt der Zylinder über eine Einspritzdüse und zwei Ventile – ein Einlass- und ein Auslassventil. Ein Dieselmotor ist ein Viertaktmotor, das heißt, er verrichtet seine Arbeit in vier Schritten, die Takte genannt werden. Im ersten Takt, dem Ansaugtakt, bewegt sich der Kolben nach unten. Dabei entsteht eine Saugwirkung und durch das Einlassventil strömt Luft

GEGENÜBER Führerstand einer alten dieselelektrischen Lokomotive

in den Zylinder. Der zweite Takt wird als Verdichtungstakt bezeichnet. Hierbei bewegt sich der Kolben wieder nach oben. Die Luft im Zylinder wird dabei verdichtet. Die Ventile sind beide geschlossen, damit die Luft nicht entweichen kann. Durch die Verdichtung erhöht sich die Temperatur im Zylinder auf etwa 600 °C. Kurz bevor der Kolben seinen höchsten Punkt erreicht hat, wird zusätzlich Kraftstoff in den Zylinder gepumpt.
Wegen der hohen Temperaturen entzündet sich das Luft-Kraftstoff-Gemisch explosionsartig. Der Druck im Zylinder steigt an und der Kolben wird nach unten gedrückt. Da der Kolben hierbei mechanische Arbeit verrichtet – die Bewegung des Kolbens wird über Pleuelstange und Kurbelwelle in eine Drehbewegung verwandelt – spricht man hier vom Arbeitstakt. Den vierten Takt bezeichnet man als Ausstoßtakt. Hierbei bewegt sich der Kolben wieder nach oben und die Abgase der Explosion können durch das geöffnete Auslassventil entweichen. Danach beginnen die vier Takte wieder von vorne.

Diesellok DR V 140

Die V 140 der Deutschen Reichsbahn war die weltweit erste Großdiesellokomotive mit hydraulischer Kraftübertragung. Bei kleineren Maschinen hatte sich diese Form der Kraftübertragung bereits bewährt. Angetrieben wurde die Lokomotive von einem Hauptdieselmotor von MAN des Typs WV 30/38 mit acht Zylindern, der mithilfe eines Turboladers eine Leistung von 1030 Kilowatt erbrachte. Damit konnte eine Geschwindigkeit von 100 Kilometer pro Stunde erreicht werden. Vorgesehen war ein Betrieb im Güterzugdienst auf Nebenbahnen und im Personenzugdienst auf Hauptbahnen. Nach nur acht Monaten Bauzeit wurde die Lok 1935 erstmals der Öffentlichkeit vorgestellt. Das letzte Exemplar wurde 1953 ausgemustert.

Maschinenraum einer 2TE10U-0073-Lokomotive der Sowjetischen Eisenbahnen (SŽD) mit dieselelektrischer Kraftübertragung

Fahrpult einer Diesellok der Darjeeling Himalayan Railway

Hydraulische Kraftübertragung und Bremsen

Damit die Kraft des Dieselmotors auf die Schiene gebracht werden kann, kommt die hydraulische Kraftübertragung ins Spiel. Vereinfacht erklärt, geschieht dies folgendermaßen: Der Motor ist mechanisch mit einem Pumpenrad verbunden, das sich in einem druckfesten Gehäuse befindet. Ebenfalls darin findet sich ein zweites Schaufelrad, das das Pumpenrad umschließt, das sogenannte Turbinenrad. Der Motor treibt nun das Pumpenrad an. Dieses ist mit dem Turbinenrad über einen gemeinsamen Ölkreislauf verbunden, sodass das Öl, das vom Pumpenrad in eine Drehbewegung versetzt wird, nach außen gegen die Schaufeln des Turbinenrads gedrückt wird und dieses in Bewegung versetzt. Dieses treibt eine Welle an, die schließlich für die Bewegung der Räder verantwortlich ist.
Befindet sich der Motor nun im Leerlauf – etwa, wenn das Fahrzeug bremst oder kurz davor ist anzufahren –, dreht sich nur das Pumpenrad. Die Kraft wird also noch nicht auf die Räder übertragen. Erst ab einer gewissen Drehzahl wird das Turbinenrad angetrieben und die Kraft des Motors wird zum Antrieb des Fahrzeugs eingesetzt. Das Bremsen einer Diesellok wiederum funktioniert ähnlich wie bei einer Dampflok: Auch hier kommen Druckluftbremsen zum Einsatz (siehe S. 53).

Rangierlok HGm 104 002-1, eine zweiachsige dieselelektrische Zahnradlok mit Endführerstand

Aufbau einer Diesellokomotive

Seit dem Zweiten Weltkrieg sind die meisten Dieselloks sogenannte Drehgestelllokomotiven. Das bedeutet, dass das Fahrgestell aus zwei (oder auch mehr) drehbaren Gestellen besteht. Auf diese Gestelle sind die Radsätze montiert. Der Vorteil dieser Bauweise besteht darin, dass auch längere Fahrzeuge sicher und gut in Kurven fahren können. Die meisten modernen Lokomotiven verfügen über zwei Drehgestelle mit jeweils zwei Radsätzen. Auch bei den Aufbauten sind unterschiedliche Bauweisen üblich. Sehr häufig findet man hier jedoch Loks mit einem oder zwei Endführerständen. Das heißt, der Lokführer sitzt an einem Ende der Lok. Teilweise gibt es aber auch Lokomotiven, deren Führerstand sich in der Mitte der Lok befindet. Sie haben den Vorteil, dass sie dem Lokführer eine gleich gute Sicht zu allen Seiten ermöglichen. Zudem ist bei einer Änderung der Fahrtrichtung kein Wechsel des Führerstands nötig. Diese Bauweise ist daher vor allem bei Rangierloks verbreitet.

SBB Am 4/4 1001–1002

Von der Diesellok Am 4/4 der Schweizerischen Bundesbahnen wurden nur zwei Modelle gebaut. Die erste der bis zu 110 Kilometer pro Stunde schnellen Loks wurde 1939 auf der Schweizerischen Landesausstellung präsentiert. Auch wenn es keinen Nachbau gab, fanden viele ihrer technischen Neuerungen in anderen Baureihen, wie z. B. der SBB R FE 4/4 Verwendung.

Spurweiten, Weichen und Stellwerke

Verschiedene Spurweiten

Unter der Spurweite versteht man den Abstand der spurführenden Elemente, also der beiden Schienenköpfe, zueinander. Bei den Spurweiten, die in verschiedenen Ländern verwendet werden, bestehen teilweise erhebliche Unterschiede. So ist z. B. in Schweden mitunter eine Spurweite von 891 Millimetern gebräuchlich, während in Indien, Pakistan, Bangladesch, Sri Lanka, Chile und Argentinien hauptsächlich Spurweiten von 1676 Millimetern üblich sind.
Dass es überhaupt verschiedene Spurweiten gibt, hat unter anderem historische Gründe. In der Frühzeit der Eisenbahnen legten die Eisenbahngesellschaften bestimmte Spurweiten fest, die ihnen sinnvoll und wirtschaftlich erschienen.
So wird der Bau einer Eisenbahnstrecke umso günstiger, je schmaler die Spur gewählt wird. Auf der anderen Seite ist es sicherer, auf breite Spuren zu setzen, da die Bahnen auf ihnen wesentlich sicherer fahren und seltener entgleisen. Unterscheiden sich die verschiedenen Spurweiten voneinander, führt dies jedoch dazu,

LINKS Zug der Roslagsbanan, einer schwedischen Schmalspurstrecke **RECHTS** Lucknow Swarna Shatabdi Express aus Indien mit einer Spurweite von 1676 Millimetern

dass beim Übergang von einer Spur zur anderen Schwierigkeiten entstehen. Denn in einem solchen Fall müssen die Drehgestelle mit den Rädern komplett ausgetauscht werden oder die transportierten Passagiere und Güter müssen den Zug wechseln. Daher gab es eine Zeit lang Bestrebungen, die Spurweiten international zu vereinheitlichen. Bislang haben diese jedoch noch kaum eine Wirkung gezeigt. Die am weitesten verbreitete Spurweite ist mittlerweile die sogenannte Normalspur mit einer Breite von 1435 Millimetern. Weitverbreitet sind auch Schmalspurbahnen, also Bahnen, deren Spurweite kleiner ist als die Normalspur.

Unterschiedliche Weichen

Wenn Sie mit Ihrem Pkw auf der Autobahn die Fahrspur wechseln möchten, ist dies recht leicht zu bewerkstelligen. Eisenbahnen haben es da schon ungleich schwerer. Um hier von einem Gleis auf ein anderes zu wechseln, werden spezielle Bauteile benötigt: die Weichen. Hierbei unterscheidet man zwischen unterschiedlichen Bauarten.

Die einfache Weiche verbindet zwei nebeneinanderliegende Gleise miteinander. Man findet sie beispielsweise häufig bei Bahnhofseinfahrten, um den Zug auf den richtigen Bahnsteig zu lenken. Die Bogenweiche ist von der Bauweise her der einfachen Weiche sehr ähnlich. Der Unterschied besteht jedoch darin, dass sich die Weiche nicht auf gerader Strecke, sondern in einem Bogen befindet. Sie findet häufig dort Verwendung, wo eine Bahnstrecke von einer anderen Strecke abzweigt. Die Kreuzung ist keine Weiche an sich (denn hier wechselt der Zug nicht das Gleis), sondern wird überall dort eingesetzt, wo sich zwei Gleise auf gleichen Niveau treffen und kreuzen. Kombiniert man nun eine Kreuzung und eine Weiche, erhält man die sogenannte Kreuzungsweiche.

Stellhebel eines mechanischen Stellwerks, das mit Muskelkraft bedient wird

Innenansicht eines verlassenen alten mechanischen Stellwerks in Frankreich

Bauformen von Stellwerken

Für einen reibungslosen Bahnverkehr ist es wichtig, immer den Überblick darüber zu haben, wie die Weichen gestellt sind. Daher werden Weichen für gewöhnlich zentral in Stellwerken gestellt. Die älteste Bauform ist das mechanische Stellwerk. Derartige Stellwerke gab es bereits Anfang der 1840er-Jahre. Die Weichen werden hier mittels Muskelkraft durch Hebel bedient. Die Hebel sind dabei entweder über Seilzüge oder über Gestänge mit den Weichen verbunden. Ab Ende des 19. Jahrhunderts wurden die mechanischen zunehmend von elektromechanischen Stellwerken abgelöst. Hierbei werden die Weichen unterstützt von Elektromotoren gestellt. Eine weitere Variante sind Relaisstellwerke. Das Stellen der Weichen erfolgt hierbei über elektronische Schalter. Die modernste Form des Stellwerks schließlich ist das elektronische Stellwerk. Hierbei kommen moderne Computer zum Einsatz, mit deren Hilfe die Weichen gesteuert und überwacht werden können. Die Funktion verschiedener Stellwerksysteme lässt sich heute anhand von Museumsstellwerken nachvollziehen, die für Eisenbahnfans ebenso ein Muss sind wie die legendären historischen Lokomotiven in den Eisenbahnmuseen der Welt.

HERSTELLER, BAU-REIHEN, MODELLE

In der mehr als 200-jährigen Geschichte der Lokomotiven sind unzählige Modelle erdacht und gebaut worden. Seit der Einführung der ersten Lokomotiven sind insbesondere Deutschland, Österreich und die Schweiz große Bahnländer. Dies hat sich auch bis heute nicht geändert. In diesem Kapitel lernen Sie eine Auswahl an Dampf-, Diesel- und Elektrolokomotiven sowie einige ausgewählte Hersteller der vorgestellten Loks und Triebwagen genauer kennen.

99 1781-6

Historische Dampflokomotiven

Unvergessene Kolosse

Mit den Dampflokomotiven fing alles an: Auf deutschem Boden fuhr die erste Dampflok im Juni 1816, die „Austria“ war 1837 die erste Dampflokomotive, die in Österreich verkehrte und im August 1847 rollte mit der Lok Nr. 1 „Limmat“ die erste Dampflok auf einer vollständig auf Schweizer Boden befindlichen Strecke in Zürich ein. Inzwischen sind Dampflokomotiven fast nur noch als Museumsbahnen im Einsatz. Doch auch heute noch üben sie eine große Faszination aus – und dies nicht nur auf eingeschworene Eisenbahnfans.

Personenzuglokomotive „Landwührden“

Die „Landwührden“ war die erste Lokomotive, die von der Münchener Firma Krauss & Companie gebaut wurde. 1867 wurde das erste Exemplar dieser Dampflok an die Oldenburgische Staatsbahn geliefert. Gegenüber anderen Lokomotiven dieser Zeit hatte sie den Vorteil, dass sie vergleichsweise günstig in der Anschaffung

GEGENÜBER Dampflok RüBB 99 1781-6 auf der Insel Rügen **LINKS** Züricher Bahnhof im Jahr 1847 **RECHTS** Dampflok „Landwührden“ im Verkehrszentrum des Deutschen Museums, München

und im Unterhalt war. Dies machte sie besonders für den Einsatz in ländlichen Regionen geeignet, um als sogenannte Sekundärbahn auch kleine Städte mit der Eisenbahn erreichbar zu machen. Wegen ihrer fortschrittlichen Konstruktion wurde die „Landwührden" 1867 auf der Pariser Weltausstellung mit der Goldmedaille ausgezeichnet. Die Lok war bis zum Jahr 1900 im Personenverkehr im Einsatz. In den 33 Jahren ihrer Dienstzeit legte sie immerhin 860.000 Kilometer zurück. Die „Landwührden" war also nicht nur kostengünstig, sondern auch sehr zuverlässig. Die Lokomotive, die zu den ältesten erhaltenen Modellen in Deutschland zählt, lässt sich heute im Deutschen Museum in München bewundern.

„LANDWÜHRDEN"

Hersteller:	Krauss & Companie
Bauart:	B n2
Baujahr(e):	1867–1891
Zylinder:	360 mm
Kesseldruck:	10 bar
Geschwindigkeit:	max. 60 km/h
Spurweite:	1435 mm
Länge:	13.285 mm
Leermasse:	23,6 t

Dampflokomotive S2/6

Die Dampflokomotive S2/6 der Königlich bayrischen Staatseisenbahnen gilt als schönste Dampflok ihrer Zeit. Eine Verkleidung, die ihr einen möglichst geringen Luftwiderstand bot, verlieh der S2/6 ihre schnittige Form. Doch die eindrucksvolle Lokomotive war nicht nur schön anzusehen, sondern auch sehr schnell. Im Jahr 1907 erreichte die Lok auf der Strecke von München nach Augsburg eine Geschwindigkeit von 154 Kilometern pro Stunde. Dieser Geschwindigkeitsrekord sollte 29 Jahre Bestand haben. Zwar spielte die erwähnte Windschnittigkeit bei diesem Rekord eine große Rolle, doch noch einige weitere wichtige Faktoren trugen dazu bei. So verfügte die Lok beispielsweise über ungewöhnlich große Treibräder mit einem Durchmesser von 2,2 Metern und von ihren sechs Achsen waren zwei direkt angetrieben (daher rührt auch der Name der Lok).

Allerdings zeigte sich schnell, dass die hier verwendete Technik auch ihre Nachteile hatte. Denn die großen Treibräder kamen nur langsam in Schwung und das Drehmoment war recht gering. Zudem waren für derart schnell Lokomotiven – abgesehen von der Strecke München–Augsburg – keine geeigneten Strecken vorhanden. Daher bleib die S2/6 ein – wenn auch besonders schönes und schnelles – Einzelstück. Wer sich die S2/6 in aller Pracht ansehen möchte, hat dazu im Verkehrsmuseum in Nürnberg Gelegenheit.

S2/6

Hersteller:	J. A. Maffei
Bauart:	2'B2' h4v
Baujahr:	1906
Zylinder:	410 mm (Hochdruck), 610 mm (Niederdruck)
Kesseldruck:	15 bar
Geschwindigkeit:	max. 154 km/h
Spurweite:	1435 mm
Länge:	21.182 mm
Leermasse:	75,7 t (ohne Tender)

Die Dampflok 18 478 aus dem Jahr 1918 war die letzte zu Länderbahnzeiten gebaute S3/6.

Schnellzuglokomotive S3/6

Zwar war die Dampflokomotive S2/6 die schnellste und wohl auch schönste Lok ihrer Zeit, da sie für den täglichen Eisenbahnbetrieb jedoch kaum geeignet war, musste ein Nachfolgemodell gefunden werden. Dies gelang dem Hersteller mit der S3/6. Sie wurde fast 25 Jahre lang produziert. Mit ihren großen Speichenrädern und der windschnittigen Form zählte sie wie die S2/6 zu den schönsten Exemplaren ihrer Art. Auch heute noch kann man sich hiervon im Deutschen Museum in München überzeugen.

S3/6

Hersteller:	J. A. Maffei
Bauart:	2'C1' h4v
Baujahr(e):	1908–1931
Zylinder:	425 mm (Hochdruck), 670 mm (Niederdruck)
Kesseldruck:	15 bar
Geschwindigkeit:	max. 120 km/h
Spurweite:	1435 mm
Länge:	21.296 mm
Leermasse:	88,3 t

Die S3/6 zeigte jedoch auch, dass Schönheit nicht alles ist und stellte auch ihre Leistungsfähigkeit eindrucksvoll unter Beweis. Mit einer Geschwindigkeit von 120 Kilometern pro Stunde brach sie zwar keine Rekorde, war aber schnell genug unterwegs, um mit einer gewissen Häufigkeit als Schnellzuglokomotive eingesetzt zu werden. Im Jahr 1951 stellte sie sogar einen für Dampflokomotiven einmaligen Streckenrekord auf, indem sie die 820 Kilometer von München nach Hamburg mit einem 150 Tonnen schweren Personenzug zurücklegte. Unterwegs mussten nur einige Male die

LINKS ÖBB 1045.12 mit mechanischen Komponenten der Lokomotivfabrik Floridsdorf
RECHTS Dampflok ÖBB 93.1364, 1927 von der Lokomotivfabrik Floridsdorf gebaut

Wasservorräte aufgefüllt werden, der Kohlevorrat reichte indes die gesamte Strecke über aus. Damit bewies S3/6, dass Dampfloks auch noch in den 1950er-Jahren ebenso gut für Langstrecken geeignet sein konnten wie Elektroloks.

Lokomotivfabrik Floridsdorf – einstiger Spitzenbetrieb aus Österreich

Die Lokomotivfabrik Floridsdorf wurde im Herbst 1869 gegründet. Wegen der hohen Qualität ihrer Lokomotiven und der Vielfalt an produzierten Modellen konnte sie sich schnell in ganz Europa einen guten Ruf erarbeiten. Bereits 1911 erhielt die Lokomotivfabrik Floridsdorf die Konzession, neben Dampfloks auch Elektrolokomotiven herzustellen. Sie überstand die schwierigen wirtschaftlichen Verhältnisse der Zwischenkriegszeit als einziger Eisenbahnbauer Österreichs. Ab 1955 stellte man hier hauptsächlich Diesellokomotiven her. 1958 kam es schließlich zur Verschmelzung mit der Simmering-Graz-Pauker AG, die das Dasein als eigenständiges Unternehmen beendete.

Dampflokomotive kkStB 470

In Österreich konkurrierten im Wesentlichen zwei Bahnunternehmen miteinander: die Südbahn und die k.k. Staatsbahnen Österreichs. Ein Produkt dieses Konkurrenzkampfs ist die Dampflokomotive kkStB 470. Konzipiert wurde sie, um als leistungsstarke Gebirgslokomotive auf den Strecken der ehemaligen Kronprinz Rudolf Bahn zu verkehren. Diese führten durch Nieder- und Oberösterreich und lagen in Kärnten, der Steiermark und Krain. Die Dampflokomotive der Reihe

DAMPFLOKOMOTIVE KKSTB 470

Hersteller:	Lokomotivfabrik Floridsdorf
Bauart:	1D1 h4v
Baujahr(e):	1914–1919
Zylinder:	450 mm (Hochdruck), 690 mm (Niederdruck)
Kesseldruck:	15 bar
Geschwindigkeit:	max. 80 km/h
Spurweite:	1435 mm
Länge:	18.680 mm
Leermasse:	79,5 t

470, die mit zwei Hochdruck- und zwei Niederdruckzylindern ausgestattet war, wurde vom österreichischen Ingenieur Karl Gölsdorf entworfen. 1914 wurden die ersten beiden Maschinen dieses Typs geliefert, in den Jahren 1918 und 1919 folgten zehn weitere. Es zeigte sich jedoch, dass Lokomotiven dieses Typs sehr viel Kohle verbrauchten. Daher waren einige technische Verbesserungen nötig, die schließlich in die Baureihe 670 mündeten. Diese erwies sich als ein großer Erfolg: Die letzten dieser Lokomotiven wurden erst im Jahr 1957 ausgemustert.

Schichau-Werke – Hersteller von Schiffen und Lokomotiven

Gegründet im Jahr 1837 von Ferdinand Schichau in Elbing (Westpreußen), produzierte der Betrieb zunächst Dampfmaschinen und unterhielt eine eigene

Dampflokomotive 41 1150-6, gebaut 1939 von den Schichau-Werken

Schiffswerft. 1859 kamen dann Dampflokomotiven hinzu, die vor allem für die Preußischen Staatseisenbahnen hergestellt wurden. Ab 1877 machte sich Schichau als Hersteller von Torpedobooten einen Namen. Von 1880 an produzierte das Unternehmen die ersten Verbundlokomotiven Deutschlands und ab 1928 war der Betrieb am Bau der Einheitslokomotiven der Deutschen Reichsbahn beteiligt. Bis zum Ende des Zweiten Weltkriegs lieferte Schichau neben verschiedenen Schiffen und Waffen auch Lokomotiven mehrerer Bauarten, unter anderem an die Deutsche Reichsbahn. 1945 wurde das Gebiet um Elbing von Polen annektiert und der Betrieb aufgelöst.

Schlepptender-Lokomotive BR 24

Im Jahr 1920 wurden die deutschen Reichsbahnen zur Deutschen Reichsbahn Gesellschaft zusammengefasst. Da die Einzelgesellschaften bis dahin ihre Lokomotiven nach eigenen Gutdünken bestellt hatten, umfasste der Bestand dieser neuen Gesellschaft eine Vielzahl verschiedener Typen und Bauarten. Da dieser Umstand Betrieb und Wartung der Züge erschwerte, beschloss man, die verschie-

Dampflokomotive 24 009 auf einer Fahrzeugschau in Bochum

Dampflokomotive der Baureihe 24 (24 083) in Salzhemmendor

denen Technologien zu vereinheitlichen. Das Ergebnis dieser Bemühungen waren die sogenannten Einheitslokomotiven. Zu ihnen gehörte auch die Baureihe 24, die vor allem für den Betrieb als Nebenbahnlokomotive konzipiert war.

1928 wurden die ersten Lokomotiven der Reihe 24 von den Firmen Schichau und Linke-Hofmann ausgeliefert. Bis zum Jahr 1940 kamen noch 95 weitere Maschinen von unterschiedlichen Herstellern hinzu. Die letzte deutsche Lokomotive dieser Baureihe wurde erst 1972 ausgemustert. In Polen fuhr die BR 24 sogar noch vier Jahre länger. Unter Liebhabern von Modelleisenbahnen genießt sie auch heute noch große Beliebtheit. Kaum ein Anbieter hat die Lok nicht im Angebot.

SCHLEPPTENDER-LOKOMOTIVE BR 24

Hersteller:	Schichau, Linke-Hofmann, Borsig, Hannomag, Krupp
Bauart:	1C h2
Baujahr(e):	1928–1940
Zylinder:	500 mm
Kesseldruck:	14 bar
Geschwindigkeit:	max. 90 km/h
Spurweite:	1435 mm
Länge:	16.950 mm
Leermasse:	57,4 t

Berühmte Elektroloks

Fahren „unter Strom“

Das große Potenzial der Elektrolokomotiven entdeckte man schon früh. Und so begann ihre Entwicklung bereits kurz nach der Erfindung der Dampflokomotive. Die deutschsprachigen Länder gehören zu den Vorreitern der elektrisch angetriebenen Lokomotiven. Vor allem Österreich und die Schweiz, in denen die Verwendung von Elektrizität weitaus günstiger ist als die von Kohle oder Diesel, haben sich auf diesem Gebiet hervorgetan. Die Vorteile der Antriebsart liegen auf der Hand: Man muss keinen Brennstoff mit sich führen und auch die Aufnahme von Wasser und Kohle entfallen. Zudem erreichen entsprechende Lokomotiven höhere Geschwindigkeiten als Dampfloks. Kein Wunder also, dass sich die E-Loks schnell gegenüber ihren dampfenden Pendants durchsetzen konnten.

Schweizerische Lokomotiv- und Maschinenfabrik (SLM)

Die SLM wurde 1871 von Charles Brown in Winterthur gegründet. Bereits 20 Jahre später war sie der größte Schweizer Lokomotivhersteller. Schon früh arbeitete man mit verschiedenen anderen Produzenten zusammen und konnte sich so, besonders im Bau von Elektrolokomotiven, auch internationale Aufträge sichern und sich auf diese Weise lange erfolgreich am Markt behaupten. Zur Jahrtausendwende fand die Umfirmierung in Sulzer Winpro AG statt, 2001 folgte die Gründung der Winpro AG. 2005 wurde sie von Stadler Rail übernommen.

GEGENÜBER Intercity-Zug auf der elektrifizierten Strecke der Gotthardbahn

„Rhätisches Krokodil“

Um eine gewisse Ähnlichkeit der Lok RhB Ge 6/6 I mit dem gleichnamigen Reptil festzustellen, braucht es schon einige Fantasie. Ihren einprägsamen Beinamen verdankt sie vielmehr der Ähnlichkeit mit der lang gestreckteren SBB Ce 6/8 II der Gotthardbahn. Ihre Entstehung geht auf die Zeit der voranschreitenden Streckenelektrifizierungen der Rhätischen Bahn zurück. 1919 gaben die Bahnbetreiber hierzu den Bau von zunächst sechs elektrischen Schmalspurlokomotiven in Auftrag. Dabei galt es, einige Voraussetzungen zu erfüllen: Die Loks mussten in der Lage sein, eine Achslast von 200 Tonnen mit einer Geschwindigkeit von mindestens 30 Kilometern pro Stunde über eine Steigung von 36 Promille ziehen zu können. Kurz nach dem ersten Auftrag bestellte die Rhätische Bahn neun weitere Exemplare, sodass insgesamt 15 „Krokodile" gebaut wurden.

„RHÄTISCHES KROKODIL"

Hersteller:	SLM, BBC, MFO
Baujahr(e):	1921–1929
Fahrmotoren:	6
Leistung:	794 kW
Geschwindigkeit:	max. 45 km/h (bis 1937, danach 55 km/h)
Spurweite:	1000 mm
Länge:	13.300 mm
Leermasse:	65,7 t

Im täglichen Betrieb zeigte sich sehr schnell, dass die „Rhätischen Krokodile" den an sie gestellten Anforderungen bestens gerecht wurden. Mehr noch, sie erwiesen sich darüber hinaus als äußerst robust und langlebig. Und so prägten diese Loks lange Zeit das Bild des Zugverkehrs in Graubünden. Betriebsfähig sind heute nur noch die Loks mit den Nummern 414 und 415, die heute der Rhätischen Bahn als Museumsfahrzeuge dienen. Die Ge 6/6 I 402 ist inzwischen im Verkehrshaus in Luzern ausgestellt, die Lok mit der Nummer 411 ist heute im Deutschen Museum in München zu besichtigen.

Elektrolok Ge 6/6 I 407 („Rhätisches Krokodil") der RhB aus dem Jahr 1922 vor dem Bahnmuseum Albula in Bergün

Elektrolokomotive Ae 8/14 der SBB im Bahnhof Bauma (Schweiz).

SBB Ae 8/14

Vor ähnliche Herausforderungen wie die Rhätische Bahn sahen sich die SBB (Schweizerische Bundesbahnen) gestellt. Besonders hohe Anforderungen stellte dabei die Strecke über den Gotthard, die den Eisenbahningenieuren wegen der zu überwindenden Steigungen lange Zeit großes Kopfzerbrechen bereitete. Nachdem weder mehrere hintereinandergekuppelte Lokomotiven noch Zugteilungen eine befriedigende Lösung des Problems erbracht hatten, galt es, über eine neue Generation von Lokomotiven nachzudenken. Dies führte schließlich zur Form der Doppellokomotive. Hierbei handelt es sich um Lokomotiven, die aus zwei im Betrieb dauerhaft gekuppelten Lokhälften bestehen. Doppellokomotiven sind sehr leistungsstark und dabei deutlich preiswerter in Herstellung und Betrieb als zwei einzelne Exemplare. Denn da hierbei nur ein Führerstand benötigt wird, spart man Beschaffungs- und Wartungskosten. Eine solche Lok verfügte über acht Trieb- und sechs Laufachsen. Um bei schwierigen Anfahrtsbedingungen den Achsdruck auf die Treibachsen zu erhöhen, konnten die mittleren Achsen angehoben werden. Die SBB Ae 8/14 waren in dieser Bauform bis zum Jahr 1975 im regulären Betrieb. Mit einigen Veränderungen und Verbesserungen ausgestattet, fuhren einige Modelle noch bis ins Jahr 1982.

SBB AE 8/14

Hersteller:	SLM, BBC
Baujahr(e):	1931–1938
Fahrmotoren:	8
Leistung:	5416 kW
Geschwindigkeit:	max. 100 km/h
Spurweite:	1000 mm
Länge:	34.000 mm
Leermasse:	240 t

LINKS Tenderlokomotive 89 6024 von 1914, hergestellt von Henschel & Sohn **RECHTS** Firmenlogo von Henschel & Sohn

Henschel – vom Dampf zum Elektroantrieb

Das Unternehmen wurde 1810 als Henschel & Sohn gegründet. Schnell wurde es zu einem der führenden Hersteller für Dampflokomotiven. An diesem Status änderte sich auch bis zum Ende des Dampflokbaus nichts. Doch das Unternehmen blieb nicht beim Dampfantrieb stehen. So wurde bei Henschel bereits 1905 die erste Elektrolokomotive gebaut. Und so avancierte der Hersteller über lange Zeit zu einem der wichtigsten Lieferanten zunächst der Deutschen Reichsbahn und dann auch der Deutschen Bundesbahn. Nach dem Zweiten Weltkrieg lief die Produktion zunächst schleppend an. In der Folgezeit machte sich Henschel vor allem durch die Entwicklung und den Bau von Industrielokomotiven einen Namen. Diese wurden jedoch Ende der 1980er-Jahre wieder aufgegeben. Doch auch heute noch haben die legendären Loks des Unternehmens wie der berühmte „Drache“ von 1848 ihre eingeschworenen Fans.

Elektrolokomotive E 10

Die Entwickler der Elektrolokomotive E 10 hatten ganz besondere Anforderungen zu erfüllen. Denn eine wichtige Vorgabe bei der Entwicklung der Lok war es, eine Einheitslokomotive zu schaffen, die aus weitgehend standardisierten Bauteilen bestand. Für den Schnellzugverkehr sah der Plan eine vierachsige Lok vor. Dabei sollte der Führerstand so gebaut werden, dass der Zugführer die Lok erstmals im Sitzen bedienen konnte. Bis dahin standen die Zugführer bei der Arbeit, weil man Bedenken hatte, sie könnten

ELEKTROLOKOMOTIVE E 10

Hersteller:	Krauss, Henschel, Krupp (mechanischer Teil); AEG, BBC, SSW/Siemens (elektrischer Teil)
Baujahr(e):	1956–1962
Fahrmotoren:	4
Leistung:	3700 kW
Geschwindigkeit:	max. 150 km/h
Spurweite:	1435 mm
Länge:	16.490 mm
Leermasse:	85 t

sonst zu unaufmerksam werden. Ursprünglich verfolgte man den Plan, die E 10 sowohl im Personen- als auch im Güterverkehr einzusetzen. Im Probebetrieb mit einem Prototyp erwies sich dies jedoch als unpraktikabel. Daher blieb die E 10 dem Personenverkehr vorbehalten, während eine veränderte Bauart den Güterdienst übernahm.

1956 begann die Serienfertigung der Lokomotive. Insgesamt stellte die Deutsche Bahn 379 Exemplare dieser Lokomotive in Dienst. In den 1990er-Jahren war die Zeit der E 10 jedoch zunächst im Fernverkehr vorbei, mit dem Beginn der 2000er-Jahre setzte dann die Ausmusterung der Lokomotive ein. Seit 2014 wird sie auch nicht mehr im Nahverkehr der DB Regio eingesetzt. Einige Exemplare der E 10 sind jedoch noch in einigen Eisenbahnmuseen zu besichtigen, viele davon, etwa die E10 348 oder die 113 311, im DB Museum in Koblenz

Führerstand einer E-10-Elektrolokomotive

Waggonfabrik Uerdingen – lange Tradition

1898 wurde die Waggonfabrik Uerdingen AG gegründet und konnte sich schnell einen Namen als Produzent von Güterwagen, Reisezugwagen und Straßenbahnen machen. Anfang der 1950er-Jahre entwickelte das Unternehmen den Uerdinger Schienenbus, der als VT 95 von der Deutschen Bundesbahn betrieben wurde. Zu dieser Zeit firmierte es unter dem Namen Duewag AG (Düsseldorf-Uerdinger Waggonfabrik AG). Zwischen 1981 und 1999 galt die Duewag AG als einer der größten deutschen Hersteller von Schienenfahrzeugen. Zu Beginn der 2000er-Jahre wurde das Unternehmen von Siemens übernommen.

Elektrotriebwagen ET 30

Die ersten Exemplare des Elektrotriebwagens 30 (kurz ET 30) wurden 1956 an die Deutsche Bundesbahn ausgeliefert. Ursprünglich sollte diese Baureihe den Personennahverkehr im Ruhrgebiet beschleunigen. Doch 1956 war die Elektrifizierung der Strecken an Rhein und Ruhr noch nicht abgeschlossen, und so fuhren

Uerdinger Schienenbus, entwickelt von der Waggonfabrik Uerdingen

430 112 am Dortmunder Hauptbahnhof. Die Elektrotriebwagen der Baureihe ET 30 erhielten 1968 die neue Baureihenbezeichnung 430.

ELEKTROTRIEBWAGEN ET 30

Hersteller:	Waggonfabrik Uerdingen, MAN, Fuchs, Westwaggon, Wegmann, SSW, AEG, BBC
Baujahr(e):	1956
Fahrmotoren:	4
Leistung:	1760 kW
Geschwindigkeit:	max. 120 km/h
Spurweite:	1435 mm
Länge:	80.360 mm
Leermasse:	148 t

die ersten dieser Züge im Raum Nürnberg. Ab 1957 war der Prozess der Elektrifizierung abgeschlossen und der ET 30 konnte an seinem vorbestimmten Einsatzort verkehren.

Ein ET 30 bestand aus zwei Triebwagen – wegen ihrer abgerundeten Formen von Eisenbahnfreunden liebevoll „Eierköpfe" genannt – und einem kurzgekoppelten Mittelteil. In Ausnahmefällen konnte er auch zwei Mittelteile aufweisen. Die erste Strecke, die von diesen Triebwagen befahren wurde, führte von Düsseldorf über Essen und Dortmund nach Hamm. Mit dem Winterfahrplan 1972/73 erfolgte dann schließlich der Einsatz im gesamten Ruhrgebiet. Bei einem mittleren Haltestellenabstand von 2,5 Kilometern erreichten diese Züge eine Geschwindigkeit von immerhin 60 Kilometern pro Stunde. Der ET 30 verrichtete viele Jahre lang im Ruhrgebiet seine Arbeit. 1985 wurde der letzte Zug dieser Bauart stillgelegt.

Krauss-Maffei – ungebrochen erfolgreich

Das Unternehmen entstand 1931 durch einen Zusammenschluss der Firmen J. A. Maffei und Krauss & Companie. Inzwischen ist es zwar auf allen Gebieten

Eine E-Lok E50 091 der Deutschen Bundesbahn

des Maschinenbaus aktiv, sein ursprüngliches Betätigungsfeld war jedoch der Bau von Schienenfahrzeugen. Neben der Fertigung verschiedenster Lokomotiven (seit 1920 wurden etwa 22.000 Lokomotiven ausgeliefert) war Krauss-Maffei in den 1970er-Jahren auch an der Entwicklung des Transrapid beteiligt. Zu den weiteren Betätigungsfeldern gehört inzwischen auch der Bau der Triebköpfe für ICEs. Der Lokomotivbau findet heute in Allach statt, der weltweit ältesten Lokomotivfabrik.

Elektrolokomotive BR E 50

Ähnlich wie die Elektrolokomotive E 10 (siehe S. 88) ist auch die E 50 ein Ergebnis der Bestrebung im Deutschland der 1950er-Jahre, den Bahnbetrieb vornehmlich mit Einheitslokomotiven zu bestreiten. Der anfängliche Gedanke, dabei für den Güter- und den Personenverkehr auf die gleichen Lokomotiven zu setzen, wurde nach dem Probebetrieb einer Einheitslok Anfang der 1950er-Jahre wieder aufgegeben. Ausgehend davon entwickelte man die schwere Güterzuglokomotive E 50. 1957 konnte die erste Maschine dieser Baureihe in Dienst gestellt werden. Ab 1963 fuhr sie unter der Bezeichnung E 150, später folgten die Baureihen 151 und 152. Im Produktionszeitraum von 1957 bis 1973 wurden insgesamt 194 Maschinen hergestellt.

ELEKTROLOKOMOTIVE BR E 50

Hersteller:	Henschel, Krauss-Maffei, Krupp (mechanischer Teil); AEG, BBC, SSW/Siemens (elektrischer Teil)
Baujahr(e):	1957–1973
Fahrmotoren:	6
Leistung:	4500 kW
Geschwindigkeit:	max. 100 km/h
Spurweite:	1435 mm
Länge:	19.490 mm
Leermasse:	126 t

Im Laufe der Jahre wurden einige Verbesserungen vorgenommen. So zeigte sich, dass die Loks der Baureihe 150 bei Geschwindigkeiten über 80 Kilometer pro Stunde starke Leistungseinbrüche zu verzeichnen hatten – häufig mit der Folge von Motorschäden. Dieser Missstand konnte jedoch in der Folgezeit behoben werden. Ab der Baureihe 152 waren die Lokomotiven dann mit modernen Drehstrommotoren ausgestattet. Die veralteten Loks wurden von dieser Zeit an außer Dienst gestellt. Das letzte Exemplar war noch bis Ende 2003 unterwegs. Zwei dieser Lokomotiven lassen sich heute noch im DB-Museum in Koblenz bewundern.

Lokomotiv- und Waggonbaufabrik Krupp – von der Dampflok zum ICE

Die Lokomotiv- und Waggonbaufabrik Krupp (LOWA) der Friedrich Krupp AG gehörte einst zur Krupp-Gussstahlfabrik in Essen. Bekanntheit in diesem Bereich hatte das Unternehmen durch das Patent für den nahtlosen Radreifen im Jahr 1852 erlangt. Ab 1919 stellte das Unternehmen Dampflokomotiven für die Preußischen Staatseisenbahn her. Nach Ende des Zweiten Weltkriegs waren die Werkshallen schwer beschädigt, konnten jedoch wiederaufgebaut werden und dienten fortan der Reparatur von Lokomotiven. In den 1960er-Jahren firmierte

LINKS Nachrüstung der BR 151 in der Maschinenbauhalle M3 der Lokomotiv- und Waggonbaufabrik Krupp in Essen **RECHTS** Maschinenbauhalle M3 von Krupp in Essen mit Verwaltungsgebäude

das Unternehmen unter der Krupp Maschinenbau GmbH. 1992 wurde der Produktbereich Verkehrstechnik von der Krupp Verkehrstechnik GmbH übernommen. Der Lokomotivbau in Essen endete 1997, als der letzte hier für die Deutsche Bahn gefertigte Triebkopf eines ICE 2 mitsamt Drehgestellen vom Band lief.

BR 103

Eine der bekanntesten Baureihen der Deutschen Bundesbahn ist die BR 103. Viele Eisenbahnfreunde halten sie zudem für eine der schönsten modernen Lokomotiven. Ab 1965 hatte die Deutsche Bahn AG vier Vorserienexemplare eingesetzt, die Serienproduktion begann dann 1970. Die BR 103 war die erste Lokomotive, die Züge im Planbetrieb mit einer Höchstgeschwindigkeit von 200 Kilometern pro Stunde ziehen konnte. Selbst schwere Züge mit 800 Tonnen konnte sie noch mit 160 Kilometer pro Stunde über die Schienen bewegen. Damit brach im deutschen Bahnverkehr eine neue Ära an. Denn mit den leistungsfähigen Zügen ließ sich ein Schnellzugnetz mit festen Taktfahrplänen realisieren – das moderne IC-Netz. Zunächst fuhren die Intercity-Züge ausschließlich mit Wagen der ersten Klassen. Als später dann die zweite Klasse hinzukam, entstand das System IC79. Dieses IC-Netz war weltweit einmalig und gilt auch heute noch als eines der führenden Systeme im Bahnwesen.

BR 103

Hersteller:	Henschel, Krauss-Maffei, Krupp (mechanischer Teil); AEG, BBC, Siemens (elektrischer Teil)
Baujahr(e):	1970–1974
Fahrmotoren:	6
Leistung:	7440 kW
Geschwindigkeit:	max. 200 km/h
Spurweite:	1435 mm
Länge:	19.500 mm
Leermasse:	114 t

Die BR 103 war das Aushängeschild dieses Systems. Nahezu jeder der neuen Intercity-Züge wurde von einer Lok dieser Bauart gezogen. Nach fast 30 Betriebsjahren waren die Maschinen jedoch verschlissen, sodass ab 1997 die Ausmusterung der legendären Loks einsetzte. Eine traurige Renaissance erlebte der Schnellzug ab Mitte 1998, als nach dem schweren ICE-Unglück in Eschede alle ICE-1-Züge zur technischen Überprüfung vorübergehend aus dem Verkehr gezogen wurden.

Front der 103 222-6. Die Lokomotive der Baureihe 103 wurde am 17. Juli 1973 von Krauss-Maffei an die Deutsche Bundesbahn geliefert.

IC 118, gezogen von einer 103 113 beim Verlassen des Essener Hauptbahnhofs in Richtung Gelsenkirchen

Abermals bildete die BR 103 für einige Monate das Rückgrat des deutschen Schnellzugverkehrs. Seit Mitte 2003 verkehren jedoch keine Lokomotiven dieser Bauart mehr.

Bombardier Transportation – Deutschland als Standort

Bombardier Transportation gehört zum kanadischen Bombardier-Konzern. Das Unternehmen wurde 1974 gegründet und übernahm im Laufe seiner Firmengeschichte mehrere Firmen in Deutschland, Frankreich, Österreich und der Schweiz. Nach Umstrukturierungen in den Jahren 2001 und 2004 verkleinerte Bombardier seine Niederlassungen in Europa. Dennoch blieb Deutschland der größte europäische Standort. Neben dem Traxx-System gehört der Triebwagen TALENT zu den bekanntesten Produkten des Herstellers.

LINKS 185 038-7 (Typ: Bombardier Traxx F 140 AC1)
RECHTS Front der Baureihe Re 482 der SBB Cargo (Traxx F140 AC1)

Bombardier Traxx F 140 AC1

Nachdem die Einheitslokomotiven für den schweren Güterverkehr der Baureihe DB 50 langsam, aber sicher aus dem Verkehr gezogen worden waren, musste Ersatz geschaffen werden. In diesem Zuge entstand die Typenreihe Bombardier Traxx. Da bei ihrem Bau vermehrt einheitliche Bauteile verwendet werden, können sich die Kunden wie bei einem Baukastensystem ihre eigenen Lokomotiven zusammenstellen. Hierdurch ist es dem Hersteller beispielsweise möglich, weitestgehend auf Besonderheiten einzelner nationaler Bahnsysteme einzugehen.

Die Traxx F 140 AC1 ist von ihrer Bauart her eine Güterzuglokomotive. Das Besondere an dieser Lok ist ihre Zweisystemfähigkeit, das heißt, die elektrischen Baukomponenten sind so ausgelegt, dass die Lokomotiven sowohl im deutschen als auch im französischen, luxemburgischen und dänischen Netz fahren können. Im Januar 2000 präsentierte Bombardier das erste Exemplar dieser Lokomotive, Anfang 2006 wurde die letzte Maschine ausgeliefert. Bis dahin waren insgesamt 332 Lokomotiven fertiggestellt.

BOMBARDIER TRAXX F 140 AC1

Hersteller:	Bombardier Transportation
Baujahr(e):	1999–2005
Fahrmotoren:	4
Leistung:	5600 kW
Geschwindigkeit:	max. 160 km/h
Spurweite:	1435 mm
Länge:	18.900 mm
Leermasse:	85 t

Regiolok BR 146

Bei der Regiolok der Baureihe 146 handelt es sich um eine Weiterentwicklung der Güterzuglokomotive der Baureihe 145. Von der Güterzuglok unterscheidet sie sich jedoch unter anderem durch eine größere Höchstgeschwindigkeit, eine höhere Leistung durch Umbauten in der Maschinenanlage und ein Fahrgastinformationssystem.

REGIOLOK BR 146

Hersteller:	Bombardier Transportation
Baujahr(e):	seit 2001
Fahrmotoren:	4
Leistung:	5600 kW
Geschwindigkeit:	max. 160 km/h
Spurweite:	1435 mm
Länge:	18.900 mm
Leermasse:	82 t

Eingesetzt wird die Lok in erster Linie auf Regionalstrecken mit hohem Fahrgastaufkommen und größeren Haltestellenabständen. Häufig kommt sie auf Strecken mit Doppelstockzügen zum Einsatz. Wegen ihrer hohen Leistung und ihrer guten Beschleunigung kann sie auch mit diesen schweren Zügen die knapp bemessenen Fahrzeiten einhalten. Auch die auf den Strecken möglichen Höchstgeschwindigkeiten meistert die BR 146. Ende 2001 wurden die ersten Exemplare dieser Lokomotive an die Deutsche Bundesbahn ausgeliefert und versehen seither zuverlässig ihren Dienst.

Stadler Rail – von der Schweiz auf den Weltmarkt

DB-Baureihe 146 im Bahnhof Norddeich Mole an der ostfriesischen Küste

Der Hersteller aus Bussnang legt seinen Schwerpunkt auf angetriebene Fahrzeuge wie Lokomotiven, Triebzüge und Stadtbahnen. Spezialangebote umfassen Zahnradfahrzeuge und maßgeschneiderte Einzelanfertigungen von Bah-

nen. 1942 vom Ingenieur Ernst Stadler in Zürich gegründet, befasste sich das Unternehmen zunächst mit der Umrüstung von kleinen Schienen- und Straßenfahrzeugen auf Akkubetrieb. 1951 ging es jedoch in Konkurs. Doch schon 1962 konnte Stadler in Bussnang eine größere Werkstatt errichten. Nach der Umwandlung in die Stadler Fahrzeuge AG und dem Tod Ernst Stadlers bildeten Spezialanfertigungen für Schweizer Privatbahnen den Schwerpunkt. Man entwickelte ein modular aufgebautes Schienenfahrzeug, dem 1995 der erste Gelenktriebwagen (GTW) folgte. Als Stadler Rail AG folgten mehrere Firmenübernahmen, Großaufträge, unter anderem für die Schweizerischen Bundesbahnen (SBB), sowie der Einstieg in den deutschen Fahrzeugmarkt durch Übernahme des Standorts Berlin-Pankow von Adtranz. Inzwischen ist Stadler international tätig, unter anderem mit einem Werk für Strecken- und Rangierlokomotiven im spanischen Valencia.

Stadler KISS in der Version ESh2-002, Eurasia (Mitte) im Moskauer Bahnhof

Stadler-FLIRT-Triebwagen des polnischen Verkehrsunternehmens PKP Intercity am Bahnhof Olsztyn Główny

ELEKTROTRIEBWAGEN FLIRT

Hersteller:	Stadler Rail
Baujahr(e):	seit 2004
Fahrmotoren:	je nach Ausführung
Leistung:	1300–5200 kW (je nach Ausführung)
Geschwindigkeit:	max. 120–200 km/h (je nach Ausführung)
Spurweite:	4135 mm
Länge:	42.066– 152.900 mm (je nach Ausführung)
Leermasse:	76–270 t (je nach Ausführung)

Elektrotriebwagen FLIRT

„Flinker leichter innovativer Regional-Triebzug" – dies ist der Begriff, der hinter der Abkürzung FLIRT steht. Wie diese Bezeichnung bereits erahnen lässt, ist der Elektrotriebwagen des Schweizer Herstellers Stadler Rail für den Einsatz im Regional- und S-Bahn-Verkehr ausgelegt. Der FLIRT hat eine modulare Bauweise, sodass er sich in verschiedenen Varianten – vom zwei- bis hin zum fünfteiligen Zug – verwenden lässt. Welche Variante jeweils zum Einsatz kommt, ist vor allem von den Stecken und dem Fahrgastaufkommen abhängig.

Der zweiteilige Zug bietet 116 Sitzplätze, beim fünfteiligen sind es 300. Der Fahrgastraum ist in allen Varianten barrierefrei und stufenlos begehbar. In den Eingangsbereichen befinden sich Multifunktionsabteile, in denen z. B. Fahrräder, Rollstühle und Kinderwagen transportiert werden können. Damit Rollstuhlfahrer die Höhenunterschiede zwischen Fahrzeug und Bahnsteig besser überwinden können, ist der FLIRT zudem mit Hubliften oder Rampen ausgestattet. Das erste Exemplar wurde im Juni 2004 offiziell vorgestellt. Seitdem ist der Triebwagen auf vielen Regionalstrecken im Einsatz.

294 799-2
DB
7

Herausragende Diesellokomotiven

Klassiker mit Beständigkeit

Inzwischen haben die Elektrolokomotiven den Dampfloks schon längst den Rang abgelaufen, doch auch die Dieselloks wollen im Wettkampf um das beste Antriebssystem noch ein Wörtchen mitreden und können mit den Elektrolokomotiven nach wie vor bestens mithalten. Zwar spielen sie in einigen Ländern wie beispielsweise in der Schweiz, wo nahezu das gesamte Bahnnetz elektrifiziert ist, inzwischen nur eine untergeordnete Rolle, doch nicht überall lassen sich Elektrolokomotiven sinnvoll und wirtschaftlich einsetzen. So sind in Österreich nur etwa 70 Prozent des öffentlichen Schienennetzes elektrifiziert, in Deutschland gar nur 60 Prozent. An der anhaltenden Beliebtheit der Diesellokomotiven wird sich daher auch in nächster Zukunft kaum etwas ändern.

Maschinenbau Kiel (MaK) – traditionsreicher Hersteller von Dieselloks

Die MaK wurde 1948 als Aktiengesellschaft gegründet. In der Folgezeit avancierte sie zu einem bekannten Hersteller von Schiffsdieselmotoren, Diesellokomotiven, Dieseltriebwagen und Kettenfahrzeugen. Im Bereich Lokomotivbau wurden insbesondere die MaK-Stangenlokomotiven bekannt. Sie lösten bei vielen Privatbahnen in Deutschland die Dampflokomotiven ab. Nach einer Krise in den 1950er-Jahren wurde das Unternehmen 1959 von der Hugo Stinnes GmbH übernommen. Fünf Jahre später folgte dann die Übernahme durch Krupp. Nach einigen weiteren Übernahmen firmiert das Unternehmen seit 2004 als Vossloh Locomotives GmbH.

GEGENÜBER 294 799-2 (Baureihe V 90) aus dem Jahr 1971 auf einer Eisenbahnbrücke bei Regensburg

Rangierlok V 60

Die Rangierlok der Reihe V 60 zählt unbestritten zu den Klassikern der deutschen Bahngeschichte. Seit nunmehr mehr als 60 Jahren verrichtet sie ihren Dienst an fast allen größeren Bahnhöfen. 1956 wurden die ersten Exemplare dieser Baureihe an die Deutsche Bundesbahn, die bis dahin nicht über ausreichend viele Rangierloks verfügte, ausgeliefert. Eine Besonderheit ist, dass die V 60 in zwei Ausführungen hergestellt wurde: einer leichten Variante mit einem Gewicht von 48 Tonnen und einer 54 Tonnen schweren Variante, die aufgrund ihrer höheren Masse über eine höhere Anfahrtzugkraft verfügte. Bis 1964 wurden von diesen Loks 942 Exemplare gebaut. Produziert wurde die Rangierlok nicht von einem einzelnen Hersteller. Nahezu alle namhaften Unternehmen bekamen den Auftrag, Exemplare der V 60 herzustellen. Auch war die Ausführung dieser Loks nicht immer einheitlich. Immer wieder experimentierte man mit anderen Bauteilen. So erprobte man beispielsweise unterschiedliche Motoren. Einige wurden von Aggregaten der Firma Maybach angetrieben, andere bekamen Motoren von Daimler-Benz, MaK oder MAN. Standardmäßig waren die V 60 jedoch mit Maybach-Motoren ausgestattet. Aufgrund ihrer robusten Bauweise und der verschleißarmen Einzelteile erwies sich die Rangier-

RANGIERLOK V 60

Hersteller:	MaK, Krupp, Henschel, Krauss-Maffei, Jung, MF Esslingen, Klöckner-Humboldt-Deutz, Gmeinder
Baujahr(e):	1956–1964
Motoren:	Zwölfzylinder-Dieselmotor
Leistung:	478 kW
Geschwindigkeit:	max. 60 km/h (30 km/h im Rangierbetrieb)
Spurweite:	1435 mm
Länge:	10.450 mm
Leermasse:	48–54 t

Rangierlok 363 200 am Frankfurter Hauptbahnhof. Die Bezeichnungen BR 362/363 tragen V-60-Loks, deren Motoren im Zuge der Remotorisierungen ab Mitte der 1990er-Jahre ersetzt wurden.

Dieseltriebwagen VT 11.5 (BR 601) im Nürnberger Verkehrsmuseum

lok als nahezu unverwüstlich und befindet sich auch heute noch im Einsatz, wenngleich inzwischen keine neuen Exemplare mehr produziert werden.

Dieseltriebwagen VT 11.5

Der Dieseltriebwagen VT 11.5 zählt zu den berühmtesten Zügen, die die europäischen Schienennetze befahren haben. Denn er war die Maschine, die den legendären Trans-Europ-Express (TEE) zog. Mitte der 1950er-Jahre hatten viele europäische Staaten die schlimmsten Auswirkungen des Zweiten Weltkriegs überwunden und die Wirtschaft befand sich im Aufschwung. In dieser Situation beschlossen acht europäische Bahngesellschaften, ein gemeinsames Bahnangebot zu entwickeln, den TEE. Die Grundidee war, ein Schnellzugnetz zu schaffen, das speziell auf die Bedürfnisse von Geschäftsreisenden ausgelegt war und das dem sich ebenfalls im Aufschwung befindlichen Flugverkehr eine Alternative entgegensetzen konnte. Für diese Züge beschaffte die Deutsche Bundesbahn die Triebwagen VT 11.5, die 15 Jahre lang im Einsatz waren.

Beim Design des Triebwagens orientierte man sich an den legendären „Fliegenden Zügen" aus den 1930er-Jahren und hier ganz besonders am 1938 in Betrieb genommenen SVT 137 155. Zudem mussten die Züge bestimmten Anforderungen entsprechen. So

DIESELTRIEBWAGEN VT 11.5

Hersteller:	MAN, LHB, Wegmann
Baujahr(e):	1957
Motoren:	Zwölfzylinder-Fahrdieselmotor
Leistung:	809 kW
Geschwindigkeit:	max. 140 km/h
Spurweite:	1435 mm
Länge:	130.000 mm
Leermasse:	214 t

Lokomotive der Baureihe BR 212 (212 317-2), eine dieselhydraulische Universallokomotive

sollten sie imstande sein, eine Höchstgeschwindigkeit von 140 Kilometern pro Stunde zu erreichen, alle Züge sollten eine einheitliche Lackierung erhalten und es sollten mindestens 120 Sitzplätze zur Verfügung stehen. Im Zug sollten nur Plätze der ersten Klasse angeboten werden und die Fahrgäste sollten einen erstklassigen Service erhalten. All diesen Anforderungen wurde der VT 11.5 gerecht. Damit avancierte er nicht nur zum Aushängeschild der Deutschen Bahn, sondern symbolisierte auch die wirtschaftlichen und technischen Fähigkeiten der Bundesrepublik Deutschland in dieser Zeit.

Diesellokomotive BR 212

Ende der 1950er-Jahre beschaffte die Deutsche Bundesbahn dieselhydraulische Lokomotiven des Typs V 100, um auf den Nebenstrecken die dort bis dahin noch eingesetzten Dampflokomotiven zu ersetzen. Diese Aktivitäten stießen bei Eisenbahnfreunden durchaus auf ein geteiltes Echo. Den eingefleischten Fans der Dampflokomotiven war diese moderne und robuste Lok ein Dorn im Auge, da sie diese langsam, aber sicher von der Bildfläche verdrängte. Andere Eisenbahnfreunde hingegen waren begeistert von der innovativen Lok, sodass sie schon bald Kultstatus erlangte.
Auch bei der Deutschen Bundesbahn kam die V 100 gut an und so sollte schon bald eine etwas leistungsstärkere Variante in Betrieb gehen. Diese Lok, die V 212, war dann auch für den Betrieb auf den Hauptstrecken vorgesehen. 1960 konnte ein Prototyp ausgeliefert werden. Zwei Jahre später wurde der Serienbetrieb aufgenommen. Bis 1965 wurden 381 Exemplare der Diesellok ausgeliefert und in Betrieb genommen.

DIESELLOKOMOTIVE BR 212

Hersteller:	MaK
Baujahr(e):	1962–1965
Motor:	Zwölfzylinder-Viertakt-V-Motor mit Vorkammereinspritzung
Leistung:	993 kW
Geschwindigkeit:	max. 100 km/h
Spurweite:	1435 mm
Länge:	12.100 mm
Leermasse:	63 t

Henschel DHG 500 C

Die Henschel DHG 500 C ist eine dieselhydraulische Lokomotive, die in erster Linie für den Rangierbetrieb auf Industrie- und Nebenbahnen konzipiert wurde. Zwischen 1963 und 1976 wurden insgesamt 62 Exemplare der Rangierlok ausgeliefert. Abnehmer waren in erster Linie Betreibergesellschaften und Stahlproduzenten. Auch einige Chemieunternehmen bestellten Lokomotiven dieser Bauart. Eine Besonderheit dieser Lokomotive war, dass von ihr auch explosionsgeschützte Varianten hergestellt wurden. Von ihnen wurden sechs Exemplare ausgeliefert. Zudem konnte die Lok auch mit einem reversierenden Getriebe ausgestattet werden, das sich auf zwei Geschwindigkeitsstufen (30 und 50 Kilometer pro Stunde) einstellen ließ und auch während der Fahrt umgeschaltet werden konnte. Eine weitere Besonderheit dieser Lok befand sich im Fahrgestell: Die mittlere Achse war so gelagert, dass man sie seitlich verschieben konnte. Damit erreichte man eine bessere Lauffähigkeit in Kurven. Inzwischen befindet sich die Henschel DHG 500 C in der Regel nur noch vereinzelt in Betrieb.

HENSCHEL DHG 500 C

Hersteller:	Henschel
Baujahr(e):	1963–1976
Motor:	KHD TCD 2015 V08-4V
Leistung:	413 kW
Geschwindigkeit:	max. 30 km/h bzw. 50 km/h
Spurweite:	1435 mm
Länge:	9900 mm
Leermasse:	66 t

ASm Em 837 826-7 vom Typ Henschel DHG 500 C in Niederbipp (Schweiz)

Lokomotivfabrik Woroschilowgrad – glanzvolle Vergangenheit

1896 gründete der deutsche Unternehmer Gustav Hartmann die Lokomotivfabrik in Luhansk, Ukraine, unter dem Namen „Russische Maschinenbaugesellschaft Hartmann". Die erste Dampflokomotive verließ 1900 die Werkshalle. Die hier hergestellten Lokomotiven fanden in der Folgezeit im gesamten Zarenreich Verwendung. Nach der Umbenennung in Lokomotivfabrik Oktoberrevolution im Jahr 1918 wurde man mit Produkten wie der 1'E1'-Güterzuglokomotive des Typs FD und der Personenzuglokomotive des Typs IS erfolgreich und zur größten Lokomotivfabrik Europas. Während der Zeit der Umbenennung von Luhansk in Woroschilowgrad (1935 bis 1958 und 1970 bis 1992) trug das Unternehmen den Namen Lokomotivfabrik Woroschilowgrad. Nach dem Wiederaufbau des alten Standorts nach Ende des Zweiten Weltkriegs stellte das Unternehmen in den 1950er-Jahren nach und nach von Dampf- auf Diesellokomotiven um. Nach dem Zusammenbruch des Ostblocks wurde der Betrieb 1995 verstaatlicht, 2006 er-

Diesellokomotive der Baureihe 130 (130 002) auf dem Dampflokfest in Dresden

234 467 am Berliner Hauptbahnhof. Für die Baureihe 234 wurde die Baureihe 132 unter Verwendung von Bauteilen der Baureihe 130 umgebaut.

folgte die Privatisierung. Seit 1995 firmiert das Unternehmen unter dem Namen Luhanskteplowos. Die Lokomotivfabrik beliefert vor allem die GUS-Länder mit Dieselloks für den Güterverkehr. Aufgrund des Kriegs in der Ukraine kamen Herstellung und Auslieferung ab 2014 jedoch weitgehend zum Erliegen. 2015 wurde der Geschäftssitz nach Sjewjerodonezk verlegt.

Diesellokomotive DR 130

Diesellokomotiven der Baureihe DR 130, im Volksmund unter dem Namen „Ludmilla" bekannt, wurden ab 1970 aus der ehemaligen Sowjetunion in die DDR importiert. Die Deutsche Reichsbahn setzte diese Lokomotive im Personen- und Güterverkehr ein. Ab den 1960er-Jahren wurde das Eisenbahnnetz der DDR stark ausgebaut und so wuchs auch der Bedarf an leistungsfähigen Lokomotiven. Da man damals davon ausging, über längere Zeit günstigen Treibstoff aus der Sowjetunion beziehen zu können, fiel die Entscheidung, Diesellokomotiven in großen Stückzahlen anzuschaffen. Die erste Lok der Baureihe 130 wurde 1970 auf der Leipziger Frühjahrsmesse vorgestellt. Da die ersten Exemplare nicht über Zugheizeinrichtungen verfügten, erfolgte ihr Einsatz jedoch vorwiegend im Güterverkehr. Dieses Manko wurde jedoch in der Folgezeit behoben. Insgesamt wurden

DIESELLOKOMOTIVE DR 130

Hersteller:	Lokomotivfabrik Woroschilowgrad
Baujahr(e):	1970–1982
Motor:	16-Zylinder-Dieselmotor
Leistung:	305 kW
Geschwindigkeit:	max. 140 km/h
Spurweite:	1435 mm
Länge:	20.620 mm
Leermasse:	116,2 t

Triebwagen der Baureihe 612 auf dem Leipzig-Dresdener Güterbahnhof

873 Lokomotiven dieser Baureihe in Dienst gestellt. Auch nach der Wiedervereinigung wollte man die soliden Loks weiter nutzen. Es wurden Umbauten vorgenommen und teilweise erhielten die Lokomotiven eine neue Motorisierung. Unter den Baureihenbezeichnungen 233, 234, 241 und 242 blieben sie in der Folgezeit in Betrieb. Vor allem die letztgenannten Baureihen sind auch heute noch zahlreich im Einsatz.

Dieseltriebwagen BR 612

Der auch als RegioSwinger bekannte Dieseltriebwagen wird von der Deutschen Bahn AG vorwiegend im Nahverkehr eingesetzt. Das Besondere an diesen Zügen ist, dass sie über eine spezielle Neigetechnik verfügen. Hierdurch lassen sich die Wagenkästen bis zu 8 Grad zur Kurveninnenseite neigen, um die empfundene Seitenbeschleunigung zu reduzieren und eine schnellere und sicherere Fahrt in kurvigen Abschnitten zu ermöglichen. Der BR 612 ist nicht der erste Zug, der eine solche Neigetechnik aufweist. Schon das Vorgängermodell BR 611 war damit ausgestattet. Allerdings

DIESELTRIEBWAGEN BR 612

Hersteller:	Adtranz, Bombardier Transportation
Baujahr(e):	1998–2003
Motoren:	2 x Sechszylinder-Reihenmotor
Leistung:	2 x 560 kW
Geschwindigkeit:	max. 160 km/h
Spurweite:	4135 mm
Länge:	51.750 mm
Leermasse:	116 t

kam es hier immer wieder zu technischen Problemen, sodass sich diese Züge nicht durchsetzen konnten. Aus diesem Grund handelte es sich bei der Baureihe 612 auch um keine modifizierte Variante ihrer Vorgänger, sondern um eine komplette Neuentwicklung der Firma Adtranz.
Die Deutsche Bahn AG beschaffte zwischen 2000 und 2003 insgesamt 193 Züge dieser Bauart. Allerdings traten auch bei ihnen immer wieder Probleme mit der Neigetechnik auf. Infolgedessen mussten sie immer wieder aus dem Betrieb genommen werden, bis die jeweiligen Probleme in der kompletten Zugflotte behoben waren.
Ab Dezember 2003 fanden Bahnen der Baureihe auch im Fernverkehr Verwendung. Sie ersetzten damit den Diesel-ICE der Baureihe 605. Als allerdings Mitte 2004 bei einem der Züge ein Achsanriss festgestellt wurde, führte dies nochmals zu einer vorübergehenden Stilllegung der gesamten Flotte. Seither werden die Züge im Fernverkehr nicht mehr verwendet. Im Nahverkehr sind sie jedoch auch heute noch im Einsatz.

Alstom Transport Deutschland – Schienenfahrzeuge aus Salzgitter

Das Unternehmen wurde 1839 als Wagenbauanstalt Gottfried Linke in Breslau gegründet. Bis zum Zweiten Weltkrieg konnte das Unternehmen expandieren,

LINKS Dieseltriebwagen Alstom LINT 54 der AKN Eisenbahn GmbH
RECHTS Innenraum eines Steuerwagens des Bauart Azf[209], ein Prototyp von Linke-Hofmann-Busch.

nach dem Krieg hatte es jedoch seine Werke in Bautzen und Breslau verloren, in Salzgitter gab es hingegen einen Neuanfang. Zunächst setzte das Unternehmen vornehmlich Güterwagen und Lokomotiven instand, bevor ab 1950 auch wieder vermehrt Neubaufahrzeuge entstanden. Unter der Firmierung Linke-Hofmann-Busch GmbH war das Unternehmen maßgeblich an der Entwicklung der ICE-1-Hochgeschwindigkeits-Mittelwagen beteiligt. Nach der Wende wurde die Linke-Hofmann-Busch GmbH zu einem Teil des Preussag-Konzerns. Durch dessen Umstrukturierung gelangte der Betrieb Mitte der 1990er-Jahre an GEC-Alsthom. Die Produktion und Entwicklung neuer Fahrzeuge am Standort Salzgitter wurde indes fortgeführt. Seit 2009 firmiert das Unternehmen unter Alstom Transport Deutschland GmbH.

GEGENÜBER Dieseltriebwagen der Baureihe 640 auf der Strecke Finnentrop-Freudenberg bei Olpe

Dieseltriebwagen BR 640

Beim Dieseltriebwagen BR 640 handelt es sich um einen Nahverkehrstriebwagen aus der Familie Coradia LINT des französischen Herstellers Alstom. Die Abkürzung LINT steht dabei für „leichter innovativer Nahverkehrstriebwagen“. Entworfen wurde der Zug von Linke-Hofmann-Busch. Züge der Baureihe 640 tragen die Typbezeichnung LINT 27. Sie zeigt an, dass der Triebwagen etwa 27 Meter lang ist. Die Besonderheit der LINT-27-Triebwagen ist ihre dieselhydraulische Kraftübertragung, die man bei anderen Zügen der LINT-Familie so nicht kennt.

Die Züge wurden zunächst auf den nicht elektrifizierten Nebenstrecken in Nordrhein-Westfalen und von der DB Regio NRW eingesetzt. Auch bei der DB Regio Südwest und im Raum Leipzig kamen sie zum Einsatz. Der LINT 27 bewährte sich auf diesen Strecken, sodass nach und nach auch Privatbahnen den Zug bestellten. Da die Triebwagen über eine recht geringe Fußbodenhöhe von lediglich 58 Zentimetern verfügen, eignen sie sich besonders für Strecken mit niedrigen Bahnsteighöhen. Bis zu vier Triebwagen dieses Typs lassen sich zu einem Zug zusammenkoppeln. Inzwischen wird der Triebwagen auch in der Variante iLINT hergestellt, die mit einer Wasserstoffbrennstoffzelle arbeitet. Erstmals wurde ein Zug dieser Bauart im Jahr 2018 in Deutschland zugelassen.

DIESELTRIEBWAGEN BR 640

Hersteller:	Alstom Transport Deutschland
Baujahr(e):	seit 1998
Motoren:	Sechszylinder-Dieselmotor
Leistung:	315 kW
Geschwindigkeit:	max. 120 km/h
Spurweite:	1435 mm
Länge:	27.260 mm
Leermasse:	41 t

LOKOMOTIVEN DER WELT

Weltweit findet seit 100 Jahren ein Wettkampf der Lokomotiven statt: Diesel- gegen Elektroloks. Hinsichtlich der Stückzahl liegen die Dieselloks immer noch weit vorne, doch die E-Loks holen kontinuierlich auf. In einigen Ländern sind sie bereits in Führung gegangen und in der Schweiz haben sie die Dieselloks sogar so gut wie vollständig von den Gleisen verdrängt. Am Rande mischen sich inzwischen auch Gasturbinenlokomotiven in den Wettkampf ein. Bisher sind sie aber noch keine ernsthafte Konkurrenz für die beiden weltweit vorherrschenden Lok-Typen, denen es immer wieder gelingt, bahnbrechende Rekorde aufzustellen.

460
460
Amtrak
460
Amtrak

Diesel- und Elektroloks im weltweiten Vergleich

Diesellokomotiven – weit in Führung

Das Dampfzeitalter ist auf den Schienen der Welt zwar noch nicht gänzlich vorbei, denn in einigen versteckten Winkeln des Planeten leisten die mithilfe von Feuer und Wasser fahrenden Kraftmaschinen beim Ziehen von Zügen immer noch gute Arbeit. Doch im Großen und Ganzen sind sie aus der Zeit gefallen und spielen im allgemeinen Wettkampf der Lokomotiven nur noch eine oft nostalgische, teilweise aber auch noch notwendige Abschiedsrolle. Am Rennen beteiligt sind aktuell überwiegend Elektro- und Dieselloks, wobei Letztere auf internationaler Ebene noch weit in Führung liegen. So werden weltweit lediglich 50.000 Loks mit elektrischem Strom angetrieben, aber stolze 120.000 fahren mit Dieselmotoren. Und bei Letzteren handelt es sich keineswegs um „alte Eisen", sondern um hochaktuelle Produkte wie beispielsweise die EMD Class 66 bzw. Class 77 des Herstellers Electro-Motive Diesel (EMD). Während also auf den Schienensträngen der Welt überwiegend Diesellokomotiven anzutreffen sind, vermittelt der

GEGENÜBER Amtrak 460 an der Union Station in San Diego **LINKS** Güterzug auf der Strecke Vancouver–Calgary in Lake Louise, Kanada **RECHTS** Elektrolokomotive HXD3C von China Railways am Bahnhof Korla in Xinjiang (China)

Blick in einzelne Länder und Regionen ein abweichendes Bild. Teilweise sind intensive Anstrengungen zu beobachten, die das Ziel verfolgen, komplette nationale Streckennetze für einen reinen E-Lok-Betrieb fit zu machen. Insbesondere asiatische Länder wie China, Indien und Japan haben in dieser Hinsicht ehrgeizige Pläne.

Japan auf dem Weg zur Vollelektrifizierung?

Japan besitzt das dichteste Schienennetz der Welt und verfügt beim Einsatz von Elektrolokomotiven über eine erstaunlich lange Tradition, die im Jahr 1904 ihren Anfang nahm. Zwar fand der diesbezügliche Einstieg auf einer lediglich 11 Kilometer langen Strecke zwischen Iidabashi und Nakano statt, doch bereits 1914 konnte der nagelneue Bahnhof Tokios aus allen Richtungen mit elektrisch betriebenen Zügen erreicht werden. Allerdings waren das seinerzeit noch keine Fern- sondern nur Nahverkehrszüge, denn außerhalb der Hauptstadtregion waren Dampflokomotiven so gut wie unangefochten der gängige Antriebstyp. Lediglich einige besonders steile Gebirgsstrecken erhielten schrittweise elektrische Oberleitungen.

Behindert wurde eine – von verschiedenen japanischen Eisenbahnunternehmen durchaus gewünschte – weitergehende Elektrifizierung durch das Fehlen einer eigenständigen Produktion von

EMD Class 66/77

Das herausragende Qualitätsmerkmal dieser Diesellok mit elektrischer Kraftübertragung, die vom US-amerikanischen Hersteller Electro-Motive Diesel (EMD) von 1990 bis heute gebaut wird, ist ihre einfache, aber effiziente Technik. Ihr Gewicht von etwa 129 Tonnen wird auf sechs Achsen verteilt, ihr Dieselmotor leistet 3245 PS und bringt sie damit auf eine Höchstgeschwindigkeit von 120 Kilometer pro Stunde. Die normalerweise nur für den Güterverkehr vorgesehene Lok ist vor allem in Großbritannien sehr beliebt, wird jedoch ebenso in den meisten EU-Ländern eingesetzt. Auch in Ägypten ist die EMD Class 66 unterwegs, wobei sie hier anders als andernorts üblich sogar zum Ziehen von Personenzügen Verwendung findet.

LINKS Diesellok 77030 (EMD Baureihe 77) der Euro Cargo Rail (ECR)

GEGENÜBER JNR Class ED15 im Hitachi-Werk in Mito (Japan)

Elektrolokomotiven, sodass diese nur auf dem Importweg beschafft werden konnten. Dies änderte sich erst in den 1920er-Jahren, als Hitachi zunächst eine Dampflok und sechs Jahre später dann auch eine E-Lok auf den Markt brachte.

Hitachi Class ED 15

Die erste allein in Japan gefertigte E-Lok war die Class ED 15, von Hitachi ab 1924 entwickelt und 1926 auf den Markt gebracht. Ganze drei Exemplare wurden produziert, die vor allem auf der Tokaido-Hauptstrecke eingesetzt und erst 1959/60 für immer aufs Abstellgleis geschoben wurden. Die Class ED 15 wog 59 Tonnen, hatte eine Leistung von knapp 1115 PS und war speziell für die in Japan traditionell übliche Spurweite von 1067 Millimetern ausgelegt.

Die als Kapspur bezeichnete schmale Spurweite der frühen Hitachi-Loks, bei der der Abstand zwischen den Schienenkopfinnenseiten 3½ englischen Fuß oder 42 englischen Zoll, also umgerechnet 1067 Millimetern, entspricht, ist auch heute noch japanischer Standard. Doch im Rahmen der High-Speed-Entwicklung wurden immer mehr Strecken mit Normalspurweite von 1435 Millimetern gebaut, sodass inzwischen etwa 5000 Schienenkilometer in dieser Spurweite bestehen. Das japanische Streckennetz, das daneben auch Strecken in Schmalspurweite (unter 1435 Millimeter) und Schottischer Spurweite (1372 Millimeter) aufweist, umfasste im Jahr 2017 eine Gesamtlänge von 27.311 Kilometern. Davon waren 20.534 Kilometer, also gut 75 Prozent, elektrifiziert. Im Vergleich zu gerade einmal 8 Prozent Elektrifizierung im Jahr 1950 ein gewaltiger Sprung, der durchaus die Qualität eines Para-

LINKS Triebzug des Shiki-Shima Baureihe E001 **GEGENÜBER** Dieselelektrische Lokomotive DF4D der China Railways in Peking

digmenwechsels hat. Es scheint nur noch eine Frage der Zeit zu sein, bis Japans Schienennetz komplett elektrifiziert ist und hier nur noch E-Loks unterwegs sind.

Diese Entwicklung wird noch weiter begünstigt durch die Tatsache, dass die Eisenbahnen in Japan zu 95 Prozent der Personenbeförderung in und zwischen den zahlreichen dicht besiedelten Ballungsräumen dienen. Hier ist die Elektrifizierung schon allein aus Gründen des Umweltschutzes notwendig.

Denn bei der teilweise sehr dichten Taktung der Züge würde der Einsatz von Diesellokomotiven zu hohen gesundheitsschädlichen Schadstoffbelastungen führen.

Das „Land der aufgehenden Sonne" treibt allerdings nicht nur zielstrebig die Elektrifizierung voran, sondern offeriert auch immer wieder neue technische und touristische Leckerbissen – beispielsweise ganz besondere Kreuzfahrten. Und zwar nicht per Schiff auf den Wellen der Meere, sondern mit Zügen auf den Gleisen der Eisenbahn. Zu diesen gehört der im Norden und Osten des Landes verkehrende Shiki-Shima, eine weltweit einmalige Mischung aus perfekter Technik und größtem Luxus. Hierbei handelt es sich übrigens um keinen Zug mit Lokomotive, sondern um einen Triebzug, also ein Eisenbahntriebfahrzeug, das nicht primär zum Ziehen angekuppelter Wagen dient, sondern auch selbst Güter oder Fahrgäste aufnehmen kann.

Shiki-Shima

Der 213 Meter lange Zug ist ein Unikat für höchstens 34 Passagiere. Er besteht aus sechs Schlafwagen, zwei Panoramawagen, einem Speisewagen und zwei Luxussuiten. Normalerweise fährt er elektrisch. Doch auf Abschnitten ohne Oberleitung kann man sofort ohne Fahrtunterbrechung auf Dieselantrieb umschalten. Hierfür sind zwei entsprechende Motoren in beiden Endwagen vorhanden, die gemeinsam eine Leistung von 4894 PS erbringen.

CR-Baureihe DF4

Von diesen Dieselloks wurden von 1969 bis heute 5000 Exemplare gebaut. Ursprünglich waren sie für den Güterverkehr konzipiert und erreichten eine Höchstgeschwindigkeit von 100 Kilometer pro Stunde. Für den Personenverkehr wurden Folgevarianten mit höheren Geschwindigkeiten entwickelt. Die aktuellen DF4D-Modelle sind für 145 Kilometer pro Stunde zugelassen, können aber auch eine Spitzengeschwindigkeit von 170 Kilometer pro Stunde erreichen.

China: Elektrifizierung mit Dieselbegleitung

China gehört zwar nicht gerade zu den frühesten Pionieren des Eisenbahnzeitalters, ist aber inzwischen auf dem besten Weg, der bedeutendste und vor allem expansivste Markt für Eisenbahntechnik zu werden. Seit 1999 wurden hier mehr als 130.000 Kilometer Strecke gebaut, sodass dem Reise- und Güterverkehr im „Reich der Mitte“ aktuell ein Schienennetz von gut 200.000 Kilometern Gesamtlänge zur Verfügung steht. Die Hälfte davon kann bereits elektrisch befahren werden, die andere Hälfte bleibt zunächst noch Lokomotiven und Triebzügen mit Dieselmotoren vorbehalten. Eine wichtige Rolle spielen dabei die Diesellokomotiven aus der legendären Baureihe China Railway DF4.
Die fortlaufende Elektrifizierung des rasant wachsenden chinesischen Schienennetzes, das inzwischen selbst die abgelegenen Pro-

vinzen im Westen erreicht hat, erforderte von Anfang an auch die Bereitstellung einer ausreichenden Anzahl an Lokomotiven. Der Startbedarf wurde zunächst durch Importe gedeckt, mit der Zeit wollte das chinesische Eisenbahnministerium jedoch eine eigene Produktion von E-Loks aufbauen. Dafür wurden Verträge zwischen chinesischen und ausländischen Herstellern wie Siemens, Alstom und Bombardier geschlossen, die beispielsweise zur Entwicklung der HXD-Baureihen von China Railways führten.

Chinas Eisenbahnen transportieren jedoch nicht nur Güter und Personen, sondern auch Ärzte und medizinisches Equipment in die entlegensten Gebiete des mit 9.600.000 Quadratkilometern Fläche viertgrößten Landes der Welt. Berühmt geworden ist beispielsweise der Lifeline Express, eine vollständig ausgestattete Augenklinik auf Schienen, in der seit 1997 vor allem Patienten behandelt werden, die an grauem Star erkrankt sind. Der Lifeline

CR-Baureihe HXD3B

Seit 2008 laufen die Loks der Baureihe HXD3B, bei der Bombardier mitgewirkt hat, von den Bändern der Lokomotivfabrik Dalian. Sie sind hauptsächlich für den schweren Güterverkehr bestimmt und erreichen eine Höchstgeschwindigkeit von 120 Kilometer pro Stunde. Das Gesamtvolumen der Baureihe umfasst 500 Exemplare, was einem Kostenumfang von 1,1 Milliarden Euro entspricht. Davon erhält Bombardier 370 Millionen und die Lokomotivfabrik Dalian 730 Millionen Euro.

GEGENÜBER Elektrolok der China Railway Baureihe HXD3B auf der Strecke Peking–Harbin
RECHTS Innenraum des chinesischen Lifeline Express

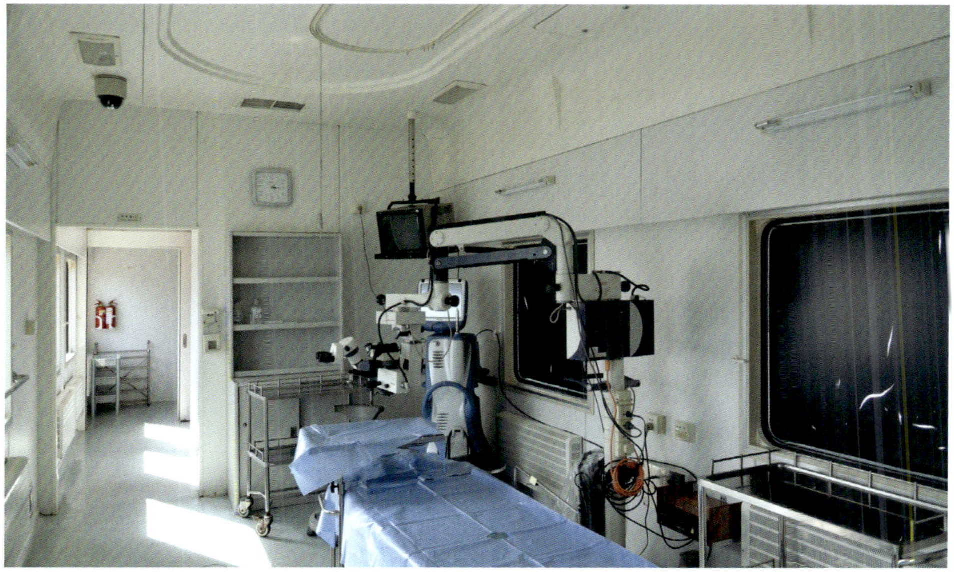

Express, von dem aktuell vier Garnituren im „Reich der Mitte“ unterwegs sind, umfasst neben den Krankenhaus- und Operationseinrichtungen auch Konferenzräume und Personalunterkünfte. Der chinesische Lifeline Express ist weltweit jedoch nicht der Erste seiner Art – diese Ehre gebührt dem indischen Jeevan Rekha Express, der bereits seit 1991 in ähnlicher Mission unterwegs ist.

Indien: Vollelektrifizierung als ehrgeiziges Ziel

Indien verfügt mit einer Gesamtlänge von 66.000 Kilometern über das viertgrößte Eisenbahnnetz der Welt. Zu 90 Prozent setzt es sich aus Strecken mit Spurweiten von 1600 Millimeter zusammen, die als indische Breitspur bezeichnet werden. Daneben existieren jedoch auch Schmalspurstrecken von 610 Millimetern. Diese Strecken, die fast schon das Format einer Spielzeugeisenbahn haben, sind oftmals recht spektakulär und immer für ein Abenteuer gut. Ein Beispiel hierfür ist die Darjeeling Himalayan Railway. Hierbei handelt es sich um eine alte Eisenbahn aus dem 19. Jahrhundert, die sich zwar des Status eines Weltkulturerbes der UNESCO rühmen kann, jedoch keineswegs als Nostalgiebahn zu betrachten ist, sondern als öffentliches Verkehrsmittel unter dem Dach von Indian Railways fungiert.

Insgesamt ist das Streckennetz von Indian Railways bislang nur zur Hälfte elektrifiziert. Die andere Hälfte soll bis 2023 folgen. Ein höchst ehrgeiziges Ziel, das nicht nur hohe Investitionen erfordert, sondern auch höchste Ansprüche an die Ingenieurskunst stellt. In dieser Hinsicht geht es keineswegs nur um die Ausstattung der Trassen mit Oberleitungen, sondern auch um die Erneuerung der Trassen selbst. Denn viele von ihnen befinden sich in so schlechtem Zustand, dass sie oft nur noch mit Tempo 20 befahren werden können. Alles andere als ideale Voraussetzungen also für Züge, die in naher Zukunft von Elektrolokomotiven gezogen werden sollen.

Doch im Netz von Indian Railways gibt es auch erstklassige Strecken, die bereits von modernen Zügen mit Elektrolokomotiven befahren werden. Einer davon ist der Howrah–New Delhi Rajdhani Express. Er verkehrt hauptsächlich nachts zwischen Kalkutta und Neu-Delhi und benötigt für die etwa 1500 Kilometer lange Strecke im Normalfall etwa 17 Stunden. Da er als Komfortzug unterwegs ist, gibt es für die Passagiere sogar ein im Fahrpreis ent-

Darjeeling Himalayan Railway

Die Strecke der Bahn verläuft meist am Rand der berühmten Hill Cart Road und hat eine Länge von 86 Kilometern. Unterwegs müssen 554 Brücken, 873 Kurven und etwa 2000 Höhenmeter gemeistert werden, wobei es Steigungen bis zu 56 Prozent zu überwinden gilt. Üblicherweise dauert die Reise 6,5 Stunden, es können aber auch 10 Stunden werden, wenn wieder ein Erdrutsch das Gleis blockiert. Die Loks der Bahn sind eine weitere Besonderheit. Denn hier heißt der Wettkampf nicht Diesel gegen Elektrizität sondern Diesel gegen Dampf.

haltenes Menü. Selbiges wird vom Personal an den Plätzen serviert und erinnert an die Verpflegung in Flugzeugen. Gezogen wird der Howrah–New Delhi Rajdhani Express von einer E-Lok mit der Bezeichnung WAP-7.

E-Lok IR-Klasse WAP-7

Die Lokomotive bringt eine Leistung von 6350 PS und erreicht eine Spitzengeschwindigkeit von 130 bis 140 Kilometer pro Stunde. Sie ist für die Traktion von schweren Schnellzügen vorgesehenen und ist eine den Anforderungen des Personenverkehrs angepasste WAG-9 Güterzuglokomotive. Produziert wird die Lokomotive von Chittaranjan Locomotive Works (CLW), die inzwischen zu den größten Lokomotivenherstellern der Welt gehören.

Russland: Lokomotiven für den Fernen Osten

Russland, das flächenmäßig größte Land der Welt, doppelt so groß wie China oder die USA, hat mit der Transsibirischen Eisenbahn und der Baikal-Amur-Magistrale (BAM) zwei der international berühmtesten Strecken im Angebot. Letztere ist mindestens 3800 Kilometer lang – sogar etwa 4280, wenn man die älteren Abschnitte nach Taischet im Westen und nach Sowjetskaja Gawan am Pazifischen Ozean dazurechnet.

Diese Linie, die in den 1980er-Jahren gebaut wurde, um die menschenleeren Weiten des Fernen Ostens zu erschließen, ist im Unterschied zur voll elektrifizierten Transsibirischen Eisenbahn bislang allerdings nur auf einer Strecke von etwa 1400 Kilometern elektrifiziert. Die russische Eisenbahngesellschaft RŽD stand und steht daher vor der Aufgabe, passende Lokomotiven für den län-

GEGENÜBER Schmalspurbahn Darjeeling Himalayan Railway **LINKS** Diesellokomotive 3TE25K2M-0001 auf der Baikal-Amur-Magistrale **RECHTS** Bahnhof von Severobaikalsk (Baikal-Amur-Magistrale)

geren nicht elektrifizierten Abschnitt der BAM zu beschaffen. Aus diesem Grund wurde quasi exklusiv für die BAM im Maschinenbauwerk Brjansk eine neue, besonders leistungsfähige Diesellok mit der Bezeichnung 3TE25KM2M entwickelt.

Diesellok 3TE25KM2M

Diese dreiteiligen Loks zählen mit einer Gesamtleistung von 12.000 PS zu den stärksten der Welt und sind in der Lage, einen Güterzug von 7100 Tonnen kontinuierlich zu ziehen. Noch fahren sie im Testbetrieb, doch schon bald sollen sie vor allem auf dem nicht elektrifizierten 2800 Kilometer langen BAM-Abschnitt zwischen Taksimo und Sowjetskaja Gawan eingesetzt werden. Insgesamt werden für den Fernen Osten zwischen 300 und 400 neue Lokomotiven benötigt. Das Maschinenbauwerk Brjansk sieht sich jedoch in der Lage, jährlich 100 Exemplare dieser Diesellok zu produzieren.

In Russland insgesamt und konkret auch auf der Baikal-Amur-Magistrale wird der Wettkampf jedoch längst nicht mehr nur zwischen Elektro- und Dieselloks ausgetragen. Denn die RŽD will auch Lokomotiven mit Flüssiggasantrieb ins Rennen schicken. Diese sind zumindest im Vergleich mit Diesellokomotiven keineswegs chancenlos, denn verschiedene Modelle mit Gasturbinentechnologie – beispielsweise die GT1h-001 – sind auf den Strecken der RŽD-Tochter Nördliche Eisenbahn bereits erfolgreich unterwegs.
Was allerdings bislang noch ihren Einsatz auf der BAM behindert, ist die dort fehlende Wartungs- und Versorgungsstruktur. Es müssten also zunächst entlang der Trasse genügend Tankstellen für diesen speziellen Treibstoff errichtet werden, der in Russland aufgrund der ausgedehnten Erdgaslagerstätten reichlich vorhanden ist. Trotz des infrastrukturellen Nachholbedarfs an der BAM wird inzwischen längst ein Nachfolgemodell der GT1h-001 erprobt, das bereits vor zehn Jahren speziell für den Langstreckeneinsatz in Sibirien und im Fernen Osten konstruiert wurde und die Bezeichnung GT1h-002 trägt. Ihr im Vergleich mit dem Vorgängermodell entscheidender Qualitätsvorteil für den Einsatz auf der BAM ist die Tatsache, dass sie nur alle 750 Kilometer an die Tanksäule muss, sodass eine Errichtung von vier Versorgungsstationen am entsprechenden Streckenabschnitt der BAM ausreichen würde. Von diesem Modell hat die RŽD bislang 40 Exemplare bestellt.

Gasturbinenlokomotive GT1-001 mit einem 3000 Tonnen schweren Zug

Gasturbinenlokomotive GT1h-002 auf einer Teststrecke

Nordamerika: Diesel ist Trumpf

In Nordamerika bilden Diesellokomotiven das Rückgrat im Fuhrpark der dortigen Eisenbahnen. Sie sind so gut wie allein unterwegs in den Plains und Prärien und in den Bergen der Rocky Mountains. Elektrolokomotiven lassen sich hingegen in den Weiten des Wilden Westens kaum blicken, was am äußerst geringen oder gar nicht vorhandenen Elektrifizierungsgrad der dortigen Trassen liegt. Daran wird sich auch in Zukunft so schnell nichts ändern, denn ehe stromführende Oberleitungen quer über den Kontinent gezogen werden, müssen erst einmal große Teile der allmählich in die Jahre gekommenen Gleisanlagen einer Erneuerungskur unterzogen werden. Aktuell gibt es nennenswerte Strukturen für E-Loks oder elektrische Triebzüge sowohl in Kanada als auch in den USA, die mit einer Gesamtlänge von etwa 250.000 Kilometern über das größte Schienennetz der Welt verfügen, nur im Weichbild von Ballungsräumen.

Gasturbinenlokomotive GT1h-002

Mit 100 Kilometern pro Stunde ist sie nicht gerade schnell, mit einer Leistung von 11.285 PS aber fast so stark wie die Diesellok 3TE25KM2M. Dies demonstrierte 2009 ein Prototyp, dem es gelang, einen 15.000 Tonnen schweren Güterzug zu ziehen, was ihr einen Platz im Guiness-Buch der Rekorde einbrachte.

LINKS Canadian Pacific Railway in Vancouver (1952)
RECHTS CSX 632 (Baureihe GE AC6000CW) in Dillon (South Carolina)

In beiden Ländern ist die Eisenbahn als Verkehrsmittel zur Personenbeförderung generell nur eine Randerscheinung. Ihre Bedeutung liegt überwiegend im Güterfernverkehr – und dort spielt sie auf dem gesamten nordamerikanischen Kontinent eine führende bis überragende Rolle. Dafür wurden und werden robuste, starke und vor allem langfristig einsetzbare Diesellokomotiven benötigt wie beispielsweise die legendäre GE AC6000CW von General Electric.

Solche gewaltigen Lokomotiven sind nur dann sinnvoll einsetzbar, wenn sie auch entsprechende Züge ziehen können. Auf den nordamerikanischen Schienensträngen, die von Ozean zu Ozean reichen, erhalten sie dazu ausreichend Gelegenheit. Hier können beispielsweise die Güterzüge der Canadian Pacific Railway (CPR) auf ihrer traditionsreichen Pendlerstrecke zwischen Montreal im Osten und Vancouver in British Columbia problemlos 4,5 Kilometer lang sein. Allerdings müssen sie vorschriftsmäßig mit verteilter Traktion fahren. Das heißt, mehrere Lokomotiven müssen auf die gesamte Länge des Zuges verteilt werden. Früher fuhren solche langen Güterzüge auch mit Mehrfachtraktion an der Spitze. Dies hatte jedoch zu Entgleisungen wegen Seitenvibration geführt, was nun durch die verteilte Traktion verhindert werden soll.

Die transkontinentale Strecke der Canadian Pacific Railway gehört seit ihrer Eröffnung im Jahr 1886 zum Gründungsmythos Kanadas und ist damit im Land der Ahornflagge Teil der Alltagskultur. Ohne ihren Bau hätte es Kanada in seiner heutigen Form

Diesellok GE AC6000CW

Die GE AC6000CW ist mit einer Leistung von 6000 PS noch immer die stärkste einmotorige Diesellokomotive der Welt. Bislang sind weltweit 300 Exemplare von ihr unterwegs. Ohne Zweifel ist sie eine erfolgreiche Lok, die allerdings bei ihrer Einführung im Jahr 1995 mit unerwarteten Kinderkrankheiten zu kämpfen hatte. So versetzte die gewaltige Kraft ihres Motors die Lok in heftige Vibrationen, die zu schnellem Verschleiß führten. Daher mussten die frühen Exemplare mit reduzierter Leistung fahren, bis es General Electric gelang, die ungeheuren Kräfte des Motors zielgerichtet zu bändigen.

wohl nie gegeben, denn erst die CPR war es, die mit ihren Zügen eine Verbindung zwischen den kanadischen Siedlungen an der Ostküste und den Territorien im Far West schuf. So tief ist sie im Kollektivbewusstsein der Kanadier verankert, das beispielsweise der Sänger Gordon Lightfoot ihr den Song „The Canadian Railroad Trilogy" widmete und der Autor Pierre Berton sie in seinen Büchern „The National Dream" und „The Last Spike" verewigte. Auch in kanadischen Fernsehserien erhält die Canadian Pacific Railway immer wieder eine geradezu stilbildende Rolle. Das Bild, das von den Zügen auf der transkontinentalen Route vermittelt wird, ist so sehr mit Dampf- und Diesellokomotiven verbunden, dass es fast unmöglich erscheint, diese Trasse eines Tages zu elektrifizieren. Hier gilt eben immer noch: Tradition verpflichtet. Insbesondere wenn es sich dabei um einen Mythos handelt.

Dieselgüterzug der Canadian Pacific Railway am Bahnhof in Banff (Alberta)

Australien: Diesel nicht unangefochten in Front

In Bezug auf die Eisenbahn bestehen zwischen Nordamerika und Australien durchaus Gemeinsamkeiten. Zwar gibt es auf dem „Fünften Kontinent" keinen Wilden Westen, dafür aber das Outback, durch dessen menschenleere Weiten kilometerlange Güterzüge – meist gezogen von Diesellokomotiven – auf häufig schnurgeraden Gleisen unterwegs sind. Elektrolokomotiven sieht man auf dem 38.445 Kilometer langen Schienennetz hingegen eher selten, was wenig verwundert, denn nur bescheidene 2717 Kilometer sind elektrifiziert und das – ebenfalls eine Analogie zu Nordamerika – hauptsächlich im Umfeld städtischer Ballungsräume. Allerdings gibt es zwischen Nordamerika und Australien auch Unterschiede – und die beziehen sich auf den Güterverkehr. Denn mit Pacific National hat sich das größte private Eisenbahnunternehmen Australiens bereits 2009 dafür entschieden, den Transport der 12.720 Tonnen schweren Kohlezüge in Queensland mithilfe von E-Loks durchzuführen.

In Cootamundra (New South Wales, Australien) prägen dieselelektrische Loks, Baureihe 48, das Bild.

Diesellok vom Typ Euro 4000 (Nummer 312 006). Beim längsten Zug Europas hatten jedoch die Prima-E-Loks BB 3700 von Alstom die Nase vorn.

Europa – Fifty-fifty-Mix

„Projekt Marathon“

Der Rekordzug fuhr am 18. Januar 2014 im Rahmen einer Machbarkeitsstudie von Lyon nach Nimes, mit deren Hilfe der Einsatz überlanger Güterzüge in der EU bewiesen werden sollte. Um eine Länge von 1476 Metern zu erreichen, wurden drei Züge zusammengekoppelt. Ihr Gesamtgewicht betrug 3909 Tonnen und bewegt wurde das Gespann von zwei Prima-E-Loks BB 3700 von Alstom – eine vorn und die zweite in der Mitte. Der Clou dabei war, dass die mittlere Lok keinen Fahrer benötigte und von der Lokomotive an der Spitze aus per Funkfernsteuerung kontrolliert wurde.

Während Fernzüge in Nordamerika oder in Australien meist von Dieselloks gezogen werden, haben auf den Langstrecken der Europäischen Union die Elektrolokomotiven das Rennen weitgehend für sich entschieden. Dies gilt auch für den Güterverkehr, dessen Betreiber mit dem „Projekt Marathon“ einen 1,5 Kilometer langen Zug auf die Reise schickten und damit einen Europarekord aufstellten. Drei Monate später wurde ein ähnliches Gespann auf den Weg geschickt – diesmal allerdings mit zwei Dieselloks vom Typ Euro 4000 von Vossloh. Doch die größere Energieeffizienz und die Tatsache, dass E-Loks unterwegs nicht tanken müssen, sprachen für Letztere. Im Regionalverkehr sowie im Rangier- und Zustellbetrieb können Dieselloks sich jedoch noch sehr gut behaupten. Denn insgesamt sind in der EU nur etwa 53 Prozent des Schienennetzes elektrifiziert. Insgesamt kann also das Verhältnis zwischen den zwei „starken Schwestern“, wie Diesel- und E-Loks gern betitelt werden, auf den Schienennetzen der EU bislang noch als ausgewogen bezeichnet werden.

NR
75
THE GHAN
NR75

Bahnbrechende Schienenrekorde

Der größte Hersteller

China ist aktuell in aller Munde, denn das „Reich der Mitte“ hat nicht nur in einem auch als „Neue Seidenstraße“ bekannten Verkehrs- und Welthandelsprojekt ein ausgedehntes Netz aus Eisenbahnschienen geschaffen, sondern mit dem Unternehmen China Railway Rolling Stock Corporation (CRRC) auch den weltweit größten Bahntechnikhersteller hervorgebracht. Bei ihm hat sogar die Deutsche Bahn bereits vier kleine Speziallokomotiven zum Rangieren von schienengebundenen Baumaschinen bestellt, da europäische Firmen den kleindimensionierten Auftrag nicht annehmen wollten. Die Zusammenarbeit verlief so erfolgreich, dass die Deutschen auf den Geschmack gekommen zu sein scheinen und sich sehr gut vorstellen können, in Zukunft auch bei der Beschaffung von Regionalzügen mit den Chinesen zusammenzuarbeiten. Sogar Betreiber regionaler Schienennetze in den USA haben bereits CRRC-Waggons gekauft und auch der Bahnbetreiber KiwiRail aus Neuseeland startete nach langem Niedergang ein

GEGENÜBER Rekordzug Ghan
LINKS Elektrotriebwagen, hergestellt von CSR Corporation Limited, die heute zu CRRC gehört
RECHTS CRRC-Logo auf der Unternehmenswebsite

Comeback mit Lokomotiven des Weltmarktführers aus dem „Reich der Mitte“. Auch afrikanische Länder ordern mit Vorliebe chinesisches Equipment, wenn es um den Bau von neuen Eisenbahnlinien geht. Bestes Beispiel ist der Madaraka-Express in Kenia.

Was der chinesische Konzern da hinlegt, kling gewaltig nach einer ungebremsten Fahrt auf der internationalen Überholspur. Doch er muss auch Rückschläge einstecken und das sogar im Bereich seiner Kernkompetenz – dem Bau und Betrieb von Hochgeschwindigkeitsstrecken. Eine solche wollte CRRC zwischen Los Angeles und Las Vegas errichten. Das Projekt kam jedoch nicht in Fahrt, da die Chinesen sich im US-amerikanischen Dschungel der Behörden und Genehmigungen verirrten. Pech hatten sie auch in Südamerika, wo sie eine Transkontinentalbahn zwischen der brasilianischen Atlantikküste und den peruanischen Pazifikhäfen bauen wollten. Als die Sache schon fast in trockenen Tüchern zu sein schien, tauchte plötzlich ein Konsortium aus deutschen, französischen und Schweizer Herstellern auf mit dem Ziel, den Chinesen das Projekt mit dem Namen „Bioceanico“ wegzuschnappen. Der inzwischen offenbar zementierten Position des Weltmarktführers konnten diese beiden Rückschläge jedoch nichts anhaben. Mit etwa 46 Prozent Marktanteil ist CRRC fast genauso stark wie die ihm auf dem Weltmarkt folgenden neun Wettbewerber zusammen.

Madaraka-Express

Der Madaraka-Express ist 472 Kilometer lang, verbindet Mombasa mit Nairobi und ersetzt einen uralten Zug aus der Kolonialzeit, der aufgrund seiner Pannenhäufigkeit mitunter als „Zug der Irren“ bezeichnet wurde. Anfang der 2000er-Jahre brauchte er für die Strecke 18 Stunden, der seit 2017 fahrende Madaraka-Express bewältigt die gleiche Distanz in nur fünf Stunden. Gezogen werden die Züge von Diesellokomotiven des chinesischen Herstellers CRRC. Zu ihnen gehört auch die DF 11, die ihre Höchstgeschwindigkeit von 170 Kilometer pro Stunde hier allerdings nicht ausfahren kann, denn die Madaraka-Strecke ist nur für 120 Kilometer pro Stunde zugelassen.

Loks der Baureihe DF 11 (hier in China) fahren auch auf der Madaraka-Strecke.

Die längste Strecke

Da es nun gerade um China und die von dort stammenden Rekorde in Sachen Eisenbahn geht, soll an dieser Stelle ein etwas genauerer Blick auf die bereits an-

Güterzug für den Transportverkehr zwischen China und Europa am Bahnhof Brest-Zentralny

gesprochene „Neue Seidenstraße" geworfen werden. Sie beginnt in der chinesischen Industriestadt Yiwu, durchquert auf ihrer 13.052 Kilometer langen Strecke acht Länder und endet in Madrid. Damit ist sie die längste direkte Eisenbahnstrecke der Welt, und Züge, die auf ihr verkehren, sind drei Wochen unterwegs. Eine logistische Herausforderung ist dies allemal, denn während der langen Reise müssen die Achsen mehrmals an verschiedene Spurweiten angepasst, bisweilen die Container umgeladen und alle 800 Kilometer die Lokomotiven ausgetauscht werden.

Die stärkste Elektrolokomotive

Die Länder Europas können zwar nicht den größten Hersteller präsentieren, dafür jedoch die stärkste Elektrolokomotive. Sie ist im Norden Skandinaviens unterwegs, um 8600 Tonnen schwere Erzzüge von den Minen in Kiruna nach Lulea oder Narvik zu transportieren. Da es in dieser sehr dünn besiedelten Gegend im Winter extrem kalt werden kann, besitzt die Lok mit der Bezeichnung MTAB IORE einige besondere Ausstattungsmerkmale. So ist sie nicht nur mit einer Spe-

MTAB IORE 105 Narvik am Bahnhof Björkliden in Schweden

zialisolierung ausgestattet, sondern auch mit einer Notheizung und Notbeleuchtung. Außerdem gibt es im Führerraum eine Kochstelle, einen Kühlschrank, ein Autoradio sowie einen CD-Player.
Die Zugführer, die im Führerstand dieser weltweit stärksten Elektrolokomotive ihren Dienst versehen, genießen in Skandinavien einen ähnlichen Kultstatus wie in Amerika oder Australien die Trucker. Zu einer lebenden Legende geworden ist Catrin Lönnströmm. Sie war schon zu der Zeit als Fahrerin mit an Bord, als die erste MTAB IORE auf ihre einsame Reise durch den hohen Norden geschickt wurde, um einen der 800 Meter langen Erzzüge der Kirunabahn zu seinem Ziel zu geleiten.

Die längsten Züge

Wer einen solchen 800 Meter langen Güterzug schon einmal beim Vorbeifahren erlebt hat, mag ihn als unglaublich spektakulär empfinden, denn es scheint ewig zu dauern, bis die schier endlos erscheinende Schlange aus Loks und 68 Waggons endlich am Horizont verschwindet. Doch dies ist so gut wie nichts im Vergleich zu einem ebenfalls mit Erz beladenen Zug, den der australische Bergbaukonzern BHP im Jahr 2001 auf den Schienen der Mount-Newman-Eisenbahn in der Region Pilbara auf Tour schickte. Dieser war stolze 7,5 Kilometer lang, zog 682 voll beladene Waggons und wog fast 100.000 Tonnen. Um ihn zu ziehen, wurden acht Lokomotiven vom Modell GE AC6000CW gebraucht, und zwar gut ver-

MTAB IORE

Die MTAB IORE ist eine Doppellokomotive, deren Teile auch einzeln verwendet werden könnten, was jedoch praktisch nie passiert. Die Gesamtleistung des Gespanns beträgt rund 14.600 PS. Zwar erreicht sie nur eine Höchstgeschwindigkeit von 60 bis 70 Kilometern pro Stunde, doch mit einer Zugkraft von etwa 1400 Kilonewton ist sie sehr leistungsstark. Die erste ihrer Art fuhr im Jahr 2000 durch Skandinaviens Norden, inzwischen sind dort 17 Paare im Einsatz.

teilt über die ganze Länge des Zuges. Ein derart langer Zug würde hierzulande glatt von Bahnhof zu Bahnhof reichen, ohne dass er sich hierzu nur einen Meter bewegen müsste. Technische Kontrolleure, die am Zug entlanggehen müssen, benötigen hierfür folglich auch mindestens drei Stunden.
Australien hat allerdings nicht nur den längsten Güterzug der Welt auf Reisen geschickt, sondern das Gleiche inzwischen auch im Bereich der schienengebundenen Personenbeförderung geschafft. Und zwar mit einem Exemplar des transkontinentalen Fernverkehrszugs Ghan, der eine Länge von 1,1 Kilometern erreichte. Der berühmte Transkontinentalzug verbindet Adelaide an der Südküste mit Darwin im Norden. Dieser Zug hat stets mindestens zwei oder gar drei Loks dabei. Eine davon dient als sogenannte Angstlok. Sie soll sicherstellen, dass der Ghan im Fall eines Ausfalls der Hauptlokomotive seinen Weg fortsetzen kann, ohne dass man auf ein Reparaturteam warten muss. Denn ein solches würde im menschenleeren australischen Outback tagelang brauchen, um einen liegen gebliebenen Zug zu erreichen. Entsprechende Erfahrungen konnte man in der Geschichte des Ghan bereits sammeln: Einmal saß der Zug ganze zwei Wo-

Der Ghan bei einem morgendlichen Stopp in Marla (South Australia)

chen lang fest und der Lokomotivführer musste auf die Jagd gehen, um die hungernden Passagiere mit Nahrung zu versorgen. Australien scheint das Land der Schienenrekorde zu sein, denn es hat noch einen dritten davon im Angebot – und zwar die längste Trasse ohne Kurven. Schnurgerade zieht sie sich unglaubliche 478 Kilometer durch die fast völlig flache Nullarbor-Wüste. Die Strecke stellt einige Herausforderungen an die Lokführer, die sich sehr gut konzentrieren müssen, um sich von der stundenlangen Eintönigkeit nicht einschläfern zu lassen.

Diesellokomotive CV40-9i

Auf die Frage nach den Lokomotiven, die den Ghan ziehen oder als Reserve begleiten, lautet die Antwort: Dieselloks. Allerdings keine bestimmten. Verwendet wird, was gerade zur Verfügung steht und 4000 PS Leistung zu bieten hat. Diese Forderung erfüllt beispielsweise die CV40-9i, die vom australischen Hersteller Goninan auf Basis der C44-9 von General Electric gefertigt wurde. Sie wiegt 132 Tonnen und erreicht eine Höchstgeschwindigkeit von 115 Kilometern pro Stunde – mehr als genug für den Ghan, der kein Schnell- sondern ein Genusszug sein will.

Der schnellste Güterzug der Welt

Meist sieht es so aus, als seien Güterzüge eher langsam und geradezu bedächtig unterwegs. So gelten 90 bis 120 Kilometer pro Stunde hier als durchschnittliche Größen. Höhere Geschwindigkeiten von 200 Kilometern pro Stunde und mehr scheinen im Allgemeinen allein dem Personenverkehr vorbehalten zu sein. Von dieser scheinbar festen Regel gab es zumindest eine Ausnahme – und zwar in Frankreich. Dort fuhr mit dem TGV Postal 30 Jahre lang ein Güterzug sogar re-

Die Lokomotive GE Dash-9 C44-9W gehört zur GE-Dash-9-Serie. Die C44-9-Loks bildeten die Basis für die Entwicklung der CV40-9i.

TGV Postal bei Chevry (Frankreich). Vor der Einstellung des Betriebs im Jahr 2015 gehörten diese Züge zu den schnellsten Güterzügen der Welt.

> **TGV Postal**
>
> Der TGV Postal war keine Neuentwicklung für den Güterverkehr, sondern ein modifizierter Zug auf Basis des TGV Sud Est. Von diesem übernommen wurden die beiden Triebköpfe und acht Waggons von 18,7 Metern Länge. Angepasst an die Bedürfnisse des Postverkehrs, fehlten allerdings die Fenster und die Türen am Anfang und am Ende der Waggons, die stattdessen in der Mitte eine Tür von 1,4 Metern Breite bekamen. Im Inneren der Waggons gab es auch keine Sitze mehr, sodass der gesamte Raum der Fracht zur Verfügung stand.

gulär im High-Speed-Bereich. Er verkehrte im sogenannten Nachtsprung zwischen Paris und Lyon, seine Ladung bestand aus Briefen, Päckchen und Paketen und er konnte eine Spitzengeschwindigkeit von 270 Kilometern pro Stunde erreichen. Damit war er der bislang schnellste Güterzug der Welt. Ursprünglich verfolgte man sogar den Plan, ein europaweites Netz für diesen Hochgeschwindigkeitsgüterzug aufzubauen und 2012 fuhr der TGV Postal sogar durch den Kanaltunnel nach London. Doch dann war 2015 plötzlich Schluss mit dem High-Speed-Cargo. Schuld daran war das veränderte Nutzerverhalten der Kunden, die statt Briefe zu schreiben lieber zum Smartphone griffen.

Mit der Einstellung des TGV Postal scheint die Zeit für superschnelle Güterzüge erst einmal vorbei zu sein. Die 170 Kilometer pro Stunde des deutschen Parcel InterCity gelten aktuell für den Bereich Cargo als Spitzengeschwindigkeit. Allerdings ist das Thema „High-Speed-Cargo" keineswegs für alle Zeiten zu den Akten gelegt worden. Überlegungen für die Zukunft, die in diese Richtung zielen, gibt es sowohl in China als auch in Europa.

HOCHGESCHWIN-DIGKEITSZÜGE

Züge mit Höchstgeschwindigkeit von mindestens 190 Kilometer pro Stunde sind überwiegend in Europa und Ostasien unterwegs. Während China auf diesem Gebiet zum Spitzenreiter aufgestiegen ist, müssen sich die USA als ehemaliges Pionierland des Eisenbahnverkehrs mit der Rolle des fast abgeschlagenen Nachzüglers begnügen. Den ersten Hochgeschwindigkeitszug im regulären Personenverkehr stellten die Japaner auf die Schiene, den Weltrekord in Sachen Geschwindigkeit hält aber immer noch ein TGV aus Frankreich.

Ostasien – die beste Infrastruktur

Japan – mit dem Shinkansen zur Olympiade

Es war ein historischer Paukenschlag, als Japan anlässlich der Olympischen Sommerspiele 1964 nicht nur erstklassige Sportler, sondern obendrein auch noch einen rekordverdächtigen Eisenbahnzug präsentierte. Dieser trug den Namen „Shinkansen“, was so viel wie „neue Hauptstrecke“ bedeutet, und pendelte mit der damals atemberaubenden Geschwindigkeit von 220 Kilometern pro Stunde zwischen den Ballungsräumen von Tokio und Osaka im 10-Minuten-Takt. Damit hatte das „Land der aufgehenden Sonne“ das High-Speed-Zeitalter im regulären schienengebundenen Personenverkehr spektakulär eingeläutet. Es sollte noch Jahrzehnte dauern, bis andere Länder ähnliche Projekte an den Start bringen konnten.

Shinkansen Baureihe 0

Mit dieser rein japanischen Modellreihe, die erst viel später zur Unterscheidung zu neueren Modellreihen die Zahl 0 erhielt, demonstrierte der ostasiatische In-

GEGENÜBER Shinkansen in Tokio **LINKS** Der Shinkansen der Baureihe 0 bildete die erste Generation der Shinkansen-Züge. **RECHTS** Speiseabteil im Inneren eines Shinkansen 0

selstaat für alle Welt sichtbar seinen Wiederaufstieg als Techniknation. Einen solchen stromlinienförmigen elektrischen Triebzug, der ohne herkömmliche Lok, dafür aber mit zwei Triebköpfen fuhr, hatte die Welt bis dahin noch nicht gesehen. Damit wurde der Shinkansen zum Vorbild für viele spätere High-Speed-Züge, bis schließlich Züge mit Antriebsmotoren, die über die ganze Länge der Garnitur verteilt waren, die Triebkopftechnologie zumindest im Kampf um Spitzengeschwindigkeiten hinter sich ließen.

Die letzten Shinkansen-Züge der Einstiegsbaureihe 0 wurden erst 2008 für immer ins Depot geschickt. Heute verkehren Modelle verschiedener Baureihen mit Geschwindigkeiten bis zu 350 Kilometern pro Stunde in einem separaten Hochgeschwindigkeitsnetz von gut 2300 Kilometern Länge. Das Besondere am japanischen High-Speed-System ist aber nicht so sehr die Geschwindigkeit, sondern vielmehr eine Taktung, die hierzulande höchstens im U-Bahn-Bereich anzutreffen ist. Damit sind die Hochgeschwindigkeitszüge in Japan echte Massenverkehrsmittel. Man muss keine Platzkarten reservieren, sondern geht einfach zum Bahnhof und wartet auf den nächsten Shinkansen. Ist der Zug gerade abgefahren, ist dies auch

SHINKANSEN BAUREIHE 0

Hersteller:	u. a. Hitachi, Kawasaki, Kisha Seizo
Baujahr(e):	1964–1986
Zugtyp:	elektrischer Triebzug mit zwei Triebköpfen
Motoren:	Gleichstrom-E-Motoren 64 MT200A oder MT200B
Leistung (PS/kW):	16.098/11.840
Geschwindigkeit:	max. 285 km/h (im Test), 220 km/h (im Plandienst)
Länge:	400,3 m
Gewicht:	967 t (Leergewicht)

Die Pendler an den Ticketschaltern der Shinkansen-Bahnhöfe haben aufgrund der engen Taktung nie lange Wartezeiten zu befürchten.

Chinesischer Hochgeschwindigkeitszug CR400AF-2025 auf einem Gleis des Südbahnhofs in Peking

kein Problem, denn nach höchstens zehn Minuten Wartezeit kommt schon der nächste in den Bahnhof eingefahren. Auch eine penible Pünktlichkeit gehört fest zum japanischen High-Speed-System, und wenn sich ein Shinkansen doch einmal verspätet, wird dies sofort zu einem Medienereignis. Und auch für ihre hohe Sicherheit sind die Züge bekannt. So hat es während der gesamten Geschichte des Shinkansen noch nie einen tödlichen Unfall gegeben.

China: Flächendeckend High-Speed mit Fuxing-Hao-Zügen

Chinas Fuxing-Hao-Züge halten mit einer Reisegeschwindigkeit von 350 Kilometern pro Stunde auf diesem Gebiet zwar noch nicht den Weltrekord, dafür aber sind sie auf dem weltweit besten und längsten Schienennetz für High-Speed-Verkehr unterwegs. Selbiges umfasst aktuell gut 30.000 Kilometer und es gibt darin keinen Abschnitt, auf dem der Fuxing-Hao, was so viel wie „Wiedergeburt" bedeutet, zum Bummelbahntempo verdammt ist. Auf einigen Abschnitten zwischen Peking und Shanghai kann der Fuxing-Hao inzwischen sogar 400 Kilometer pro Stunde erreichen.

 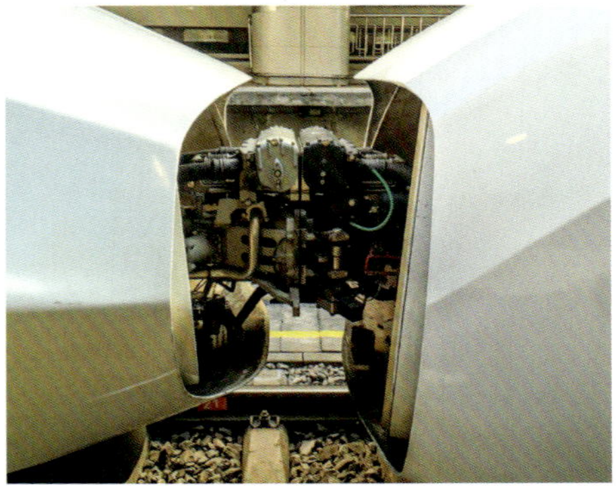

LINKS CR400AF und CR400BF im Testcenter in Peking **RECHTS** CR400AF-0207 und CR400BF-0503 in gekuppeltem Zustand

Fuxing-Hao Blue/Red Dolphin und Golden Phoenix

Aktuell existieren zwei Fuxing-Hao-Modelle: der CR400AF, Blue/Red Dolphin genannt, und der CR400BF, auch als Golden Phoenix bekannt. Die Namen beziehen sich einerseits auf die Farben, in denen die jeweiligen Modelle gehalten sind, andererseits aber auch auf das, was die Designer in sie hineininterpretiert haben. So passen sowohl der Delfin als auch der Phoenix zum Thema „Wiedergeburt" – der eine springt in die Höhe, der andere steigt aus der Asche auf. Mit High-Speed-Zügen zu reisen ist im „Reich der Mitte" längst alltägliche Normalität – und das bezieht sich keineswegs nur auf Fahrten zwischen den Zentren. Vielmehr sind auch kleinere Städte mit riesigen Bahnhöfen ans Hochgeschwindigkeitsnetz angebunden, sodass auch die Menschenmassen aus der Provinz die Fuxing-Hao-Züge als standardmäßiges Verkehrsmittel nutzen können. Ähnlich wie die japanischen Shinkansen-Züge glänzen auch sie mit einer geradezu unheimlichen Pünktlichkeit und darüber hinaus mit einem Komfort, der sonst nur in Flugzeugen der Upper-Class-Gesellschaften üblich ist.

FUXING-HAO CR400AF BLUE/RED DOLPHIN

Hersteller:	CRC und CRRC
Baujahr(e):	ab 2012
Zugtyp:	elektrischer Triebwagenzug mit vier motorisierten Wagen
Motoren:	Gleichstrom-E-Motoren
Leistung:	keine Angaben
Geschwindigkeit:	max. 400 km/h (zugelassen), 350 km/h (im Plandienst)
Länge:	209 m
Gewicht:	17 t (maximale Achslast)

High-Speed-Züge in Südkorea

Südkoreas Einstieg in das Zeitalter der High-Speed-Züge erfolgte Anfang der 2000er-Jahre auf Basis einer Zusammenarbeit mit dem TGV-Hersteller Alstom. Daher waren die ersten KTX-(Korea-Train-eXpress-)Züge, die auch heute noch im Einsatz sind, Varianten des TGV-Réseau – mit 388 Metern aber deutlich länger

KOREAN TRAIN EXPRESS KTX II

Hersteller:	Hyundai Rotem
Baujahr(e):	2008–2010
Zugtyp:	elektrischer Triebzug mit zwei Triebköpfen
Motoren:	8 Dreiphasenasynchronmotoren
Leistung (PS/kW):	11.965/8800
Geschwindigkeit:	max. 330 km/h (zugelassen), 305 km/h (im Plandienst)
Länge:	201 m
Gewicht:	403 t (Leergewicht)

als das französische Vorbild. Allerdings war man in Südkorea bereits seit Mitte der 1990er-Jahre bestrebt, einen eigenen Hochgeschwindigkeitszug zu entwickeln. Dabei herausgekommen war zunächst ein Versuchszug mit der Bezeichnung „HSR-350x". Diesem gelang es 2004, parallel zu den ersten kommerziellen Fahrten des Alstom-KTX, mit einer Geschwindigkeit von 352,4 Kilometer pro Stunde einen südkoreanischen Rekord aufzustellen.

Korean Train eXpress KTX II

Die Ergebnisse der Versuche mit dem HSR-350x führten zur Konstruktion des Korean Train eXpress (KTX) II, der Ende 2008 in Serie ging. Seit 2010 verkehren 19 Garnituren beispielsweise auf den Trassen zwischen Seoul und Daegu oder Seoul und Busan. Die zehnteiligen Züge (zwei Triebköpfe und acht Mittelwagen) können auch als Doppelgarnitur eingesetzt werden. Von den Bauteilen des KTX II sind 87 Prozent südkoreanische Eigenentwicklungen. So stammen unter anderem die Fahrmotoren und die Zugsteuerung aus Korea. Als Besonderheit dieses modernen Zuges sind alle Garnituren mit kostenlosem WLAN ausgestattet.

KTX-Sancheon (KTX-II) am Bahnhof Yongsan in Seoul (Südkorea)

232

Europa: Die schnellsten Züge

Frankreich: mit dem TGV zum Geschwindigkeitsweltrekord

Was High-Speed-Züge im Rad-Schiene-System angeht, hat Europa in Sachen Spitzengeschwindigkeit immer noch die Nase vorn. So hält ein Abkömmling des TGV POS mit einer Geschwindigkeit von 574,8 Kilometer pro Stunde, aufgestellt am 3. April 2007 auf der Strecke Paris–Straßburg, auch heute noch den gültigen Weltrekord. Er schlug damit einen Weltrekord aus dem Jahr 1990, den ebenfalls ein TGV für sich verbuchen konnte. Damals schaffte eine umgebaute 325er-Atlantique-Garnitur immerhin schon 515,3 Kilometer pro Stunde. Auch für den erneuten Rekordversuch sollte ursprünglich eine Atlantique-Garnitur verwendet werden. Doch die verantwortlichen Ingenieure trauten dem zwar bewährten, jedoch schon älteren Modell auch in getunter Form nur noch mäßige Geschwindigkeitssteigerungen zu und wollten sich damit nicht zufrieden geben. Um eine deutliche Steigerung zu erreichen, fiel die Wahl auf das aktuellere TGV-POS-Modell.

GEGENÜBER TGV Duplex 232 am Gare de Lyon in Paris **LINKS** Hochgeschwindigkeitspassagierzug TGV am Bahnhof in Nizza **RECHTS** Logo auf einem TGV in Marseille

TGV V150

Im Vergleich zum regulären TGV POS wurde dieser Zug für seine Rekordfahrt leicht umgebaut. Zwar fuhr er ebenfalls mit zwei Triebköpfen, hatte dazwischen aber nur drei statt acht Wagen. Die sogenannten Duplex-Wagen verfügten über zusätzliche Antriebseinheiten. Außerdem besaß der Zug größere Räder und die Dachaufbauten wurden verkleidet. All diese Maßnahmen dienten dazu, ihn auf eine Geschwindigkeit von mindestens 540 Kilometer pro Stunde zu beschleunigen – umgerechnet 150 Meter pro Sekunde. Hieraus wurde die Bezeichnung „V150" abgeleitet.

Schon vor der offiziellen Rekordfahrt hatte es verschiedene Testfahrten gegeben, auf denen der Geschwindigkeitsrekord von 1990 immer wieder geknackt wurde. Am 28. März 2007 bildete dann eine automatische Vollbremsung bei Tempo 508 Kilometern pro Stunde, die bestens funktionierte, ein besonderes, wenn auch ungeplantes Ereignis. Ein solches technisches Manöver bei diesen Geschwindigkeiten hatte bis dahin noch niemand erlebt und es sorgte bei den mitfahrenden Medienvertretern wohl auch für einige Schrecksekunden. Den Ingenieuren lieferte dieser „unplanmäßige Test" jedoch wertvolle Erkenntnisse über die Funktion der Bremsautomatik und das Verhalten derartiger Züge in Extremsituationen.

TGV V150

Hersteller:	Alstom
Baujahr(e):	2007
Zugtyp:	Triebzug mit zwei Triebköpfen und drei Wagen mit Antrieb
Motoren:	4 x asynchron in beiden Triebköpfen, 4 x synchron in der Mitte
Leistung (PS/kW):	26.284/19.600
Geschwindigkeit:	max. 574,8 km/h
Länge:	106–107 m (je nach Quelle)
Gewicht:	268 t (Leergewicht)

Simulationsmodell eines Frecciarossa 1000 auf der Bahntechnikfachmesse InnoTrans 2012

Italien: Mit dem Frecciarossa 400 Kilometer pro Stunde im Regelbetrieb

Was der TGV V150 gezeigt hat, ist eine außergewöhnliche, bestens vorbereitete Rekordfahrt außerhalb des Regelbetriebs. Doch Europa hat in puncto Spitzengeschwindigkeit auch im alltäglichen Plan-

Die Hochgeschwindigkeitszüge ETR 500 und ETR 1000 (Frecciarossa) am Hauptbahnhof in Mailand

dienst Erstaunliches zu bieten. Dies zeigt ein Blick nach Italien. Der Frecciarossa 1000, der auf den dortigen Schienen unterwegs ist, kann bei Vorhandensein der passenden Gleisarchitektur auch 400 Kilometer pro Stunde im Plandienst fahren.

Frecciarossa 1000 (ETR 400)

Entstanden ist der neue „Rote Pfeil", wie Frecciarossa auf Deutsch übersetzt heißt, aufgrund einer Konkurrenzsituation zwischen der Ferrovie dello Stato (staatliche Eisenbahngesellschaft FS) und der privaten Gesellschaft Nuovo Transporto Viaggatori (NTV). Letztere hatte im Jahre 2008 bei Alstom AGV High-Speed-Züge bestellt, die problemlos eine Geschwindigkeit von 360 Kilometer pro Stunde erreichen konnten. Die FS drohte daraufhin mit ihren in die Jahre gekommenen Pendolino-Zügen, die gerade einmal 250 Kilometer pro Stunde schafften, allmählich aufs Abstellgleis zu geraten. Daher musste auf die Schnelle ein Zug beschafft werden, der erstens nagelneu und zweitens gegenüber dem Alstom von NTV nicht nur konkurrenzfähig war, sondern diesen sogar noch übertrumpfen konnte.

FRECCIAROSSA 1000 (ETR 400)

Hersteller:	Bombardier und AnsaldoBreda
Baujahr(e):	2011–2017
Zugtyp:	elektrischer Triebwagenzug
Motoren:	Asynchronmotoren
Leistung (PS/kW):	13.324/9800
Geschwindigkeit:	max. 400 km/h (zugelassen), 360 km/h (im Plandienst)
Länge:	202 m
Gewicht:	446 t (Leergewicht)

LINKS Zwölfteiliger ICE der Baureihe 412 **RECHTS** Offene Bugklappe eines ICx (Projekttitel des späteren ICE 4) auf der InnoTrans in Berlin.

Die Wahl des Partners für Herstellung und Lieferung eines solchen Zuges fiel auf Bombardier. Der Hersteller schien dem Bahnbetreiber die richtige Wahl, denn der Wunsch der FS-Tochter Trenitalia waren nicht nur einfach Hochgeschwindigkeitszüge, sondern „very high speed trains" („Höchstgeschwindigkeitszüge"), wie es im Vertrag hieß. In dieser Hinsicht hatte Bombardier bereits etwas Passendes in seiner Zefiro-Familie im Angebot – und zwar den V300ZEFIRO, der für Italien die Bezeichnung ETR 400 erhielt. In den darauffolgenden Tests erreichte ein herkömmlicher Zug dieses Typs bereits im Dezember 2014 zwischen Turin und Mailand erstmals auf einer regulären Strecke Geschwindigkeiten von 385 Kilometer pro Stunde.

Und der ICE?

Der ICE sollte Deutschlands High-Speed-Flaggschiff auf den Schienen werden, und das Potenzial dazu hätte er auch gehabt. Allerdings waren und sind das deutsche Schienennetz sowie die Struktur der Eisenbahn für Züge dieser Art wenig geeignet, da sie Geschwindigkeiten über 250 Kilometer pro Stunde kaum ermöglichen. So existieren beispielsweise keine ausgesprochenen Schnellfahrstrecken, die nur der ICE-Flotte oder anderen High-Speed-Zügen vorbehalten wären. Daher müssen sich Züge dieser Art die vorhandenen Gleise stetig auch mit Zügen teilen, die im Bummeltempo unterwegs sind. Innovationen mit dem Ziel, an Weltrekordversuchen teilzunehmen, werden hierdurch nicht gerade gefördert. Denn außer vom Vorzeigeeffekt hätten diese in Bezug auf Einsätze im eigenen Land kaum einen Nutzen.

Doch abgesehen vom Fehlen spezieller Hochgeschwindigkeitstrassen stellt sich prinzipiell die Frage, ob in einem Land, das praktisch nur aus Ballungsräumen besteht und das ein entsprechend dichtes Bahnhofsnetz hat, hohe Geschwindigkeiten in Richtung 300 Kilometer pro Stunde und mehr unbedingt angestrebt werden müssen. Denn zu schnell ist der nächste große Bahnhof erreicht, als dass hier ausreichend Zeit zum Beschleunigen bliebe, bevor schon wieder abgebremst werden muss. Schließlich muss bei einem solchen Zug, der locker schon einmal 500 Tonnen wiegen kann, ein Bremsweg von fast 5 Kilometern einkalkuliert werden. Da erscheint es wirtschaftlich sinnvoller, Züge zu entwickeln, deren Spitzengeschwindigkeit den konkreten Verhältnissen angepasst ist. Dies war auch die Ausgangsüberlegung der Deutschen Bahn, als sie im Jahr 2011 bei Siemens Mobility zunächst 170 neue Züge unter der damaligen Projektbezeichnung ICx bestellte, aus der inzwischen der ICE 4 geworden ist.

ICE 4 Nr. 9009 (Baureihe 412) bei der Ausfahrt aus dem Stuttgarter Hauptbahnhof

ICE 4 (DB Baureihe 412)

Der neueste ICE ist eine bewusste Absage an den weltweiten Kampf um Spitzenplätze im Geschwindigkeitsranking. Stattdessen ist hier ein Zug entstanden, der

Modulare Führerraumdisplays eines ICE 4 (Baureihe 412)

mit 250 Kilometer pro Stunde allemal schnell genug ist, um den nächsten Bahnhof, der in Deutschland meistens keine 100 Kilometer entfernt ist, zügig zu erreichen. Dadurch ist sein Energieverbrauch geringer als bei den Superschnellen des Segments und der Verschleiß ebenfalls. Er besitzt keine Triebköpfe mehr und auch sonst nichts, was noch an eine klassische Lok erinnern würde. Stattdessen ist der ICE 4 eine Kombination aus antriebslosen Wagen und Wagen mit Antrieb, den sogenannten Powercars, die entsprechend der jeweiligen Länge des Zuges auf diesen verteilt werden.

Insgesamt ist der ICE 4 ein sehr rationaler Zug, der einige Auszeichnungen für sein ansprechendes Design erhalten hat, das von DB, Siemens und Bombardier gemeinsam entwickelt wurde. So bekam er im Jahr 2015 den Red Dot Design Award und ein Jahr später den German Design Award in der Kategorie „Transportation“.

ICE 4 (DB BAUREIHE 412)

Hersteller:	Siemens (mit Bombardier als Zulieferer)
Baujahr(e):	ab 2017
Zugtyp:	Triebwagenzug
Motoren:	24 elektrische Fahrmotoren (zwölfteilige Garnitur)
Leistung (PS/kW):	11.217/8250
Geschwindigkeit:	max. 249 km/h
Länge:	345,73 m (zwölfteilige Garnitur)
Gewicht:	670 t (Leergewicht, zwölfteilige Garnitur)

USA: Entwicklungsland in Sachen High Speed

High-Speed-Verkehr nur in wenigen Korridoren

Es ist schon höchst erstaunlich, dass ausgerechnet die USA mit ihrer eindrucksvollen Geschichte in Sachen Eisenbahn bei den aktuellen Entwicklungen im Rad-Schiene-System im wahrsten Sinne des Wortes abgehängt auf dem Abstellgleis verharren. Zwar spielt dort der Gütertransport per Bahn wirtschaftlich eine wesentliche Rolle und die USA verfügen über das größte Streckennetz der Welt. Allerdings befindet sich Letzteres in einem eher maroden Zustand, sodass dort an Höchstgeschwindigkeiten nicht zu denken ist.
Der Güterverkehr in den USA bringt zwar lange Züge auf die Gleise, lässt sie aber betont langsam fahren. Ein paar zaghafte Ansätze im Hochgeschwindigkeitsbereich gibt es dennoch – und zwar in wenigen High-Speed-Korridoren. Beispielsweise im Northeast Corridor zwischen Washington und Boston, wo der Acela-Express verkehrt, betrieben von der staatlichen Eisenbahngesellschaft Amtrak.

LINKS Business-Class-Ruhewagen eines Acela-Express-Zugs **RECHTS** Acela-Express mit Triebwagen Nr. 2024 beim Verlassen der New London Union Station

Acela-Express im Northeast Corridor

Der Zug, der seit Anfang der 2000er-Jahre zwischen Washington und Boston als Hochgeschwindigkeitszug verkehrt, wurde zwar von Bombardier gefertigt, war jedoch ursprünglich ein TGV-Abkömmling. Anfangs trug er die Bezeichnung „American Flyer". Sein heutiger Name ist ein Kunstwort bestehend aus den Begriffen „Accelaration" (Beschleunigung) und „Excelence" (Spitzenleistung). Im Northeast Corridor hat Amtrac 20 Garnituren dieses Zuges mit Neigetechnik im Einsatz.

ACELA-EXPRESS

Hersteller:	Bombardier und Alstom
Baujahr(e):	1996–2000
Zugtyp:	Triebzug mit zwei Triebköpfen
Motoren:	8 Asynchronmotoren
Leistung (PS/kW):	12.509/8200
Geschwindigkeit:	max. 264 km/h (zugelassen), 240 km/h (im Plandienst)
Länge:	203 m
Gewicht:	566 t (Leergewicht)

350 Kilometer pro Stunde im Blick

Von den Erfahrungen mit dem Acela-Express ausgehend, scheint man bei Amtrak erst richtig auf den Geschmack gekommen zu sein. So denkt man aktuell darüber nach, ob man in Zukunft nicht auch Züge mit 350 Kilometer pro Stunde auf die Reise schicken kann. Dazu müssten jedoch die Gleise entsprechend vorgerichtet werden. Vergrößert werden muss die Flotte von 20 Garnituren auf jeden Fall, denn der unerwartete Erfolg und die wachsenden Passagierzahlen lassen bei den Acela-Express-Zügen mit ihren sechs Mittelwagen inzwischen Überlastungstendenzen erkennen.

LINKS: Acela-Express-Hochgeschwindigkeitszug in Washington, D.C. **GEGENÜBER**: Ein Acela-Express-Triebwagen Nr. 2002 von Amtrak passiert auf seiner Fahrt nach Washington, D.C., den Bahnhof Newark (Delaware, USA).

2002
acela

BLICK IN DIE ZUKUNFT

Beim Blick auf die aktuellen Entwicklungen entsteht der Eindruck, dass der Abschied von der klassischen Lokomotive an Fahrt gewinnt – zumindest im Personenverkehr. Auch das gewohnte Rad-Schiene-System samt seinen High-Speed-Zügen könnte an die Grenzen seiner Entwicklungsmöglichkeiten stoßen und neuen Systemen Platz machen. Diese Konzepte hätten das Potenzial, sogar Ozeanschiffen und Langstreckenflugzeugen den Rang abzulaufen. Werden wir also schon bald mit siebenfacher Schallgeschwindigkeit durch Röhren unterm Ozean hindurchsausen?

Mit der Eisenbahn in die Zukunft?

High-Speed-Züge aus der Raumfahrtschmiede

Schon vor 60 Jahren wurde das baldige Ende der klassischen Rad-Schiene-Eisenbahn prophezeit. Zum einen schien sie aufgrund des wachsenden Individualverkehrs nach dem Vorbild der USA weitgehend überflüssig zu werden. Zum anderen tauchten am Horizont merkwürdig futuristische Entwicklungen wie die Alwegbahn und der Transrapid auf, die zwar noch eine Art Schiene, jedoch teilweise keine Räder mehr benötigten. Doch wie so oft bewährte sich hier das Motto, nach dem Totgesagte länger leben. Und so demonstrierte die gute alte Eisenbahn mitten hinein in den vielstimmigen Abgesang mit zahlreichen technischen Paukenschlägen ihr überraschendes Innovationspotenzial.
Technische Meilensteine wie der allererste High-Speed-Zug sind für die Zukunft der herkömmlichen Rad-Schiene-Eisenbahn zwar wohl kaum zu erwarten – hörbare und langanhaltende Trommelwirbel aber durchaus. So beispielsweise im Zusammenhang mit einem Projekt, das sich Next Generation Train nennt und an

GEGENÜBER Zukunftsvision: Zug in einer Vakuumröhre **LINKS** Next Generation Train im Deutschen Zentrum für Luft- und Raumfahrt **RECHTS** Next Generation Train, der „Zug der Zukunft“

dem keineswegs in den Planungsbüros der Bahnbetreiber oder den Forschungseinrichtungen und Designerschmieden der Hersteller gebastelt wird, sondern im Deutschen Institut für Luft- und Raumfahrt. Von den dortigen Ingenieuren ist erfahrungsgemäß immer etwas Spektakuläres zu erwarten – diesmal vielleicht ein Zug mit dem Aussehen eines Raumgleiters.

Die Raumfahrtingenieure wollen aber nicht nur einen neuen Hochgeschwindigkeitszug konstruieren, sondern denken auch über ein völlig neues Gesamtsystem nach. So sollen nach ihren Vorstellungen auch die Bahnhöfe so umgestaltet werden, dass für derartige Züge an beiden Seiten Bahnsteige existieren. Ein- und Aussteigen könnte dann auf verschiedenen Seiten geschehen, sodass sich die Fahrgäste dabei nicht mehr gegenseitig blockieren. Ziel dieser Umgestaltung ist eine Reduzierung der Aufenthaltsdauer der Züge in den Bahnhöfen.

Eine weitere – vielleicht noch etwas unheimliche – Idee ist das Umsteigen bei voller Fahrt. Hierfür müssen die jeweiligen Züge mithilfe eines computergestützten Systems auf exakt die gleiche Geschwindigkeit gebracht werden. Ist diese erreicht, werden zwischen bestimmten Türen feste Schleusen für umsteigende Passagiere geschaffen. Moving Platform nennt sich das System, das vom auf Verkehrsfragen spezialisierten britischen Designerbüro Priestmangoode entworfen wurde.

Die Designer gehen davon aus, durch den Wegfall von ständigen Abbrems- und Anfahroperationen etwa 30 Prozent an Energie einsparen zu können. Im Anfangsstadium soll dieses System auf das Umsteigen zwischen High-Speed-Zügen angewendet werden. Die Entwickler können sich jedoch auch vorstellen, dass es ebenso beim Umsteigen von Zubringerzügen auf High-Speed-Züge funktionieren würde. Sogar Straßenbahnen sollen in das System miteinbezogen werden. Das Ergebnis wäre eine Bewegungskette von der Haltestelle vor der Haustür bis zur Zielstation, die beim Umsteigen nicht unterbrochen würde.

NGT-HST – Hochgeschwindigkeitszüge der nächsten Generation

Der erste Teil der Abkürzung NGT-HST steht für den Begriff „Next Generation Train“ (Züge der nächsten Generation). Der zweite steht für „High Speed Train“ und verdeutlicht seinen Status als Hochgeschwindigkeitszug. Letzteres kann man der 202 Meter langen Garnitur keinesfalls absprechen, denn sie soll für Geschwindigkeiten von bis zu 440 Kilometer pro Stunde zulassungsfähig sein. Mit diesem Modell vollziehen die Hersteller zwar nicht den Abschied vom Rad-Schiene-System, doch immerhin bereits von der Oberleitung, denn der NGT-HST erhält seinen Strom auf induktivem Weg. Der Doppelstockzug soll in einer neuartigen Fachwerkbauweise gefertigt werden, mit der gegenüber der herkömmlichen Bauweise 30 Prozent an Energie eingespart werden können. Auch Zubringerzüge – im gleichen Design, jedoch mit etwas geringeren Geschwindigkeiten – sind vorgesehen.

Ein Schienennetz, das Eurasien und Amerika verbindet, soll den Güterverkehr revolutionieren.

Weltweites Schienennetz als realistische Vision?

Die Vorstellung, mit dem Zug rund um die Welt zu fahren, scheint zunächst verrückt zu klingen. Schließlich sind an einigen Ländergrenzen ganze Ozeane zu überwinden. Zwar könnte man auch einen Fährbetrieb miteinbeziehen, doch beim Konzept eines weltweiten Schienennetzes geht es darum, nur Schienenfahrzeuge einzusetzen. Schiffe, Flugzeuge oder Autos sollen so gut wie überflüssig werden. Entsprechende Szenarien werden derzeit sowohl von russischen als auch von chinesischen Experten diskutiert. Kern eines solchen Projekts wäre eine Untertunnelung der Beringstraße, um einen Anschluss des eurasischen an das amerikanische Schienennetz zu ermöglichen. Züge könnten dann von Westeuropa aus durch Russland nach Kamtschatka fahren und durch den Beringtunnel nach Alaska gelangen. Von dort aus wären Zugfahrten bis Feuerland möglich – sofern auf dem amerikanischen Kontinent lückenlose Trassen zur Verfügung stünden. Diskutiert wird ein solches Projekt in erster Linie mit Bezug auf den wachsenden Güterverkehr. Dieser könnte auf diese Weise preiswerter, schneller und umweltverträglicher vonstattengehen als mit riesigen Containerschiffen oder Flugzeugen.

Auf einer Schiene in die Zukunft

Alwegbahn für den Nahverkehr?

Diskutiert man über Einschienenbahnen – sogenannte Monorails – als wegweisende Technologie, ist dies alles andere als reine Zukunftsmusik. Denn derartige Züge existieren fast ebenso lang wie diejenigen auf der Doppelschiene. Da jedoch die allseits bekannte Doppelschiene bei der Entwicklung und Ausbreitung der Eisenbahn das Rennen gemacht hat, wurde und blieb die Einschienentechnologie eine Randerscheinung. Allenfalls in einigen Ballungsräumen wurden Einschienenbahnen im Rahmen des öffentlichen Personenverkehrs eingesetzt. Hierzu gehörten beispielsweise Städte wie Moskau, Seattle oder Sao Paolo. Versuche, sie auch als interessantes und möglicherweise sogar umweltverträgliches System für den Fernverkehr zu präsentieren, gab es zuhauf. Ein Beispiel hierfür ist die in den 1960er-Jahren in Deutschland konstruierte, inzwischen jedoch längst vergessene Alwegbahn.

Wiedergeburt des Transrapid?

Allgemein scheint eine geradezu unerwartete Renaissance der Einschienensysteme angebrochen zu sein. Dies bezieht sich allerdings weniger auf die Alwegbahnen oder ähnliche Systeme. Viel stärker in den Fokus der Verkehrsplaner und Ingenieure sind Magnetschwebebahnen geraten. Einer ihrer Urahnen, der Transrapid, feierte in diesem Jahr sogar hierzulande seine versuchsweise Auferstehung, und zwar als autonom fahrende S-Bahn mit einer Höchstgeschwindigkeit von 150 Kilometer pro Stunde. Gestartet wurde das Projekt, dessen Betreiber es zu einem deutschen Exportschlager machen wollten, in den 1980er-Jahren als

GEGENÜBER Der Transrapid feiert in Shanghai (China) seine Wiederauferstehung.

neuartiger Hochgeschwindigkeitszug. Aus dem anvisierten deutschen Exportschlager ist allerdings nicht viel geworden, zumal sich 2006 auf der Teststrecke im Emsland ein schwerer Unfall ereignete. Dies bedeutete sein deutschlandweites Aus. In der chinesischen Megacity Shanghai war er zu diesem Zeitpunkt jedoch schon zwei Jahre erfolgreich im Einsatz. Noch heute verbindet er das Stadtgebiet mit dem 30 Kilometer entfernten Flughafen Podong, wofür er gerade einmal 7 Minuten Fahrzeit benötigt. Dabei erreicht er kurzfristig eine Spitzengeschwindigkeit von 430 Kilometer pro Stunde. Dies gelingt bislang noch keinem High-Speed-Zug der herkömmlichen Art im Plandienst. Könnte also die Zukunft es Zubringersegments – also S- und Regiobahnen – mithilfe des Transrapids gestaltet werden?

Für ihn spricht die umfassende Geschwindigkeitsspanne – von schleichend langsam bis High Speed –, zu der er aufgrund der EMS-Technologie stufenlos fähig ist. Mit 430 Kilometer pro Stunde wäre er zwar auch im heutigen

Die Alwegbahn als Vorbild

Die Alwegbahn ist eine Einschienenbahn, deren luftbereifte Räder neben dem mittigen Fahrbalken laufen. Erstmals wurde sie vor etwa 60 Jahren in der Nähe von Köln getestet. Auf Basis heutiger Techonologien könnten derartige Bahnen, den Planern einiger asiatischer Megacities wie Kuala Lumpur zufolge, eine zukunftsfähige Alternative sein.

Modell eines Transrapid am Münchner Flughafen

Transrapid 09, das geplante Vorserienfahrzeug für den Transrapid München, auf der Versuchsanlage Emsland

Hochgeschwindigkeitsfernverkehr konkurrenzfähig, doch in diesem Segment setzen japanische und chinesische Verkehrsplaner und Ingenieure bereits auf elektrodynamische Schwebesysteme (EDS), die weit höhere Geschwindigkeiten zulassen.

Transrapid – zwei Varianten

Vom Transrapid gab es ursprünglich zwei technisch unterschiedliche Varianten: Eine davon arbeitete mit Luftkissentechnik, die andere mithilfe des elektromagnetischen Schwebesystems EMS. Letzteres hatte sich schon in den 1980er-Jahren durchgesetzt und wird auch bei einigen aktuellen Nachfolgemodellen angewandt. Das System arbeitet mit Gleichstrom, der einen Elektromagneten in Gang setzt. Dieser magnetisiert dann seinerseits ferromagnetisches Material. Auf diese Weise gelingt es, den Zug auch bei niedrigen Geschwindigkeiten schweben zu lassen.

Japan: Magnetschwebebahn auf der Shinkansen-Trasse

Auch die Japaner befinden sich bereits seit einiger Zeit auf der Suche nach Alternativen zum herkömmlichen Rad-Schiene-System. Grund hierfür ist die Sorge der Planer und Ingenieure, diese Technologie könnte in Sachen Hochgeschwindigkeit schon bald an ihre Grenzen stoßen. Und die ständige Steigerung von Geschwindigkeitsrekorden gehört schließlich quasi zur Kultur dieser technikbegeisterten Nation.
Außerdem verfügen die Japaner mit der Magnetschwebebahn JR-Maglev über eine bewährte Tradition auf diesem Gebiet. Diese reicht bis in die 1970er-Jahre zurück. Daher ist es nicht verwunderlich, dass auch diesmal der Anstoß zu einer echten

Magnetschwebebahn JR-Maglev MXL01-1 der Central Japan Railway Company auf einer Messe 2005

technologischen Erneuerung aus Japan kommt. Und ähnlich wie der Shinkansen, der pünktlich zur Olympiade 1964 der Öffentlichkeit vorgestellt wurde, soll die neuartige japanische Hochgeschwindigkeitsbahn zu den Olympischen Spielen 2020 zumindest in Teilbereichen einsatzfähig sein. Die komplette Strecke zwischen Tokio und Osaka – auf der auch der klassische Shinkansen fährt – soll 2045 auch für die neue Technologie bereit sein. Unter der Bezeichnung „Chūō-Shinkansen" sollen dann Magnetschwebebahnen mit Tempo 500 zwischen den beiden Städten pendeln. Lediglich 40 Minuten würde die Fahrt auf dieser Strecke dann dauern.

Bislang sind Magnetschwebebahnen auch in den technikbegeisterten asiatischen Ländern nur im Zubringerverkehr unterwegs. Ein bekanntes Beispiel hierfür ist die Incheon-Airport-Maglev-Linie der südkoreanischen Hauptstadt Seoul. Für den Einsatz dieser Technik müssen allerdings einige wichtige Voraussetzungen erfüllt sein. Von besonderer Bedeutung ist es beispielsweise, dass die Zubringerstrecken lang genug sein müssen. Denn nur so können die Züge jene Geschwindigkeiten erreichen, die ihnen das Schweben ermöglichen. Mit dem Chūō-Shinkansen hat Japan dieses Problem indes nicht, denn hierbei handelt es sich um eine Fernlinie.

Chinas Plan: Magnetschwebebahn für die Vakuumröhre

Doch Japan ist in Sachen Magnetschwebebahn längst nicht mehr allein auf weiter Flur. Der große Nachbar China will auf diesem Gebiet ebenfalls kräftig mitmischen – und dabei sogar noch ein Stück weiter gehen als die Japaner. So haben chinesische Ingenieure vor, eine Magnetschwebebahn durch eine Vakuumröhre zu schicken und zwar im Endstadium mit einer Geschwindigkeit von 1000 Kilometer pro Stunde. Die Idee einer Vakuumröhre zu Transportzwecken stammt vom Unternehmer Elon Musk. Allerdings sollten hierin keine Bahnen, sondern Kapseln befördert werden. Ähnlich wie bei der Rohrpost, nur groß genug, damit Passagiere darin reisen können – mit Schallgeschwindigkeit oder schneller. Diese „Rohrpost für Reisende" erhielt den Namen „Hyperloop".

Nun ist die Idee chinesischer Ingenieure, statt einer Kapsel einen kompletten Magnetschwebezug durch eine Röhre zu schicken, durchaus attraktiv. Die Röhre wäre in der Lage, den Zug auf höhere Geschwindigkeiten zu beschleunigen als sie mit einem Airbus erreicht werden können. Derartige Geschwindigkeiten sind auf einer herkömmlichen Magnettrasse nicht erreichbar, in der Vakuumröhre aufgrund des fehlenden Luftwiderstands jedoch schon.

JR-Maglev – japanische Magnetschwebebahn

Maglev steht für Magnetic Levitation und bezieht sich auf einen japanischen Zug, der im Unterschied zum Transrapid das elektrodynamische Schwebesystem EDS verwendet. Dieses System macht es nötig, im Bereich niedriger Geschwindigkeiten (bis 150 Kilometer pro Stunde) auf Rädern zu fahren. Erst darüber entwickelt das System genügend Tragkraft, um den Zug in den Schwebezustand zu versetzen, wobei dann die Räder eingeklappt werden. Ein solcher Zug ist im Unterschied zum Transrapid nicht dazu geeignet, länger im Bereich niedriger Geschwindigkeiten zu fahren. Daher kommt er nur für High-Speed-Einsätze infrage, wo er seine wahren Qualitäten zeigen kann. Er schafft problemlos 600 Kilometer pro Stunde und erreicht diese Geschwindigkeit aus dem Stand in knapp 100 Sekunden.

Wettbewerb zur Weiterentwicklung des Hyperloop auf einer eigens gebauten Teststrecke

Die Kombination aus Magnetzug und Röhre ist prinzipiell auch durchführbar, wie Laborversuche mit einer Geschwindigkeit von 400 Kilometer pro Stunde gezeigt haben. Daher soll nun tatsächlich Tempo 1000 Kilometer pro Stunde angepeilt werden. Auch die von Musk ins Spiel gebrachte Entfernungsbegrenzung aus Gründen der Wirtschaftlichkeit scheint für die Chinesen kein Thema zu sein, denn sie denken bereits darüber nach, entsprechende Trassen quer durchs ganze Land zu bauen.

China will auf diese Weise nicht nur Personen blitzschnell über gewaltige Entfernungen befördern, sondern auch Güter. Das riesige Land mit seiner Milliardenbevölkerung benötigt entsprechend große und auch schnelle Transportkapazitäten. Gleichzeitig denken die Planer auch an den Export. Sie hoffen, mit derartigen Technologien, die zumindest bisher niemand sonst im Angebot hat, auf dem Weltmarkt erfolgreich sein zu können.

Hyperloop – zukunftsweisende Technologie

Die Vakuumröhren des Hyperloop sollen oberirdisch auf Pfeilern verlegt und mit Solarzellen zur Energiegewinnung versehen werden. Die Transportkapseln benötigen keinen permanenten Antrieb, da aufgrund des fehlenden Luftwiderstands in der Vakuumröhre keine Reibung entsteht. Sie benötigen nur einen anfänglichen Startimpuls und da ein solcher nach dem physikalischen Impulserhaltungssatz nicht verloren geht, muss die Kapsel am Ende ihrer Reise nur noch wieder abgebremst werden. Nach Musks Vorstellungen soll der Hyperloop als Verbindung zwischen Städten dienen, die höchstens 1500 Kilometer voneinander entfernt liegen. Größere Entfernungen hält er für unwirtschaftlich.

Deutsche Ideen für den Hyperloop

Doch nicht alle innovativen Ideen auf diesem Gebiet stammen aus Japan oder China. Auch in Europa und Amerika gibt es Forscher und Ingenieure, die sich mit der Zukunft der Eisenbahn und in diesem Zusammenhang auch mit dem Hyperloop befassen. Das geeignete Fahrzeug für diese Technologie könnte beispielsweise – wie bei den Chinesen – ein Zug sein, aber auch, wie bereits von Elon Musk angedacht, eine Kapsel, Pod genannt. Einen solchen hat ein hauptsächlich aus Studenten der TU München bestehendes Team entwickelt. Er erreichte bei einer Präsentation, die im Juli 2018 in Kalifornien stattfand, eine Geschwindigkeit von 467 Kilometer pro Stunde. Und das Münchener Team hatte noch einen zweiten Prototypen im Angebot: den Magnet-Levitations-Pod. Er verfügt über rotierende Platten, an denen starke Permanentmagneten befestigt sind. Diese müssen sich schnell genug drehen, um den Pod in die Höhe zu heben und in Bewegung zu setzen. Bei der Präsentation des Magnet-Levitations-Pods ging es vornehmlich um

Illustration einer futuristischen Einschienenbahn beim Durchfahren einer Röhre

die Vorführung der Schwebetechnik. Sie fand daher noch nicht in einer Röhre, sondern auf einer Schiene statt. Doch auch in Sachen Röhre wird in Europa einiges passieren. Die Firma Virgin Hyperloop One aus Kalifornien will bis 2020 in Spanien ein Test- und Entwicklungszentrum errichten und präsentiert auch schon Visionen für ein ganzes Hyperloop-Netz für Europa. Teil dieses Netzes soll auch ein Ring sein, der in Deutschland von Berlin aus über Leipzig, Nürnberg, München, Stuttgart, Frankfurt und Köln nach Hamburg und zurück nach Berlin führt. Allerdings stellt sich dabei die Frage, ob ein solcher Ring überhaupt sinnvoll ist, denn bei den vielen Stopps würde die Kapsel gar nicht richtig in Fahrt kommen. Eine Nonstop-Fahrt von Berlin nach München per Hyperloop in nur 45 Minuten wäre da schon attraktiver.

Die gewagteste Idee, die im Zusammenhang mit dem Hyperloop geäußert wurde, klingt derzeit noch ebenso unmöglich wie vor 60 Jahren: die Vorstellung von einem Tunnel unter dem Ärmelkanal. Hierbei geht es allerdings um eine Vakuumröhre, die als Verbindung zwischen Europa und Amerika unter dem Atlantik entlangführen soll. In ihr sollen schon im Jahr 2050 Hyperloop-Pods mit einer Geschwindigkeit von 7400 Kilometer pro Stunde entlangsausen. Die Zukunft im Transportwesen bleibt also weiterhin spannend.

Register

103 113 95
103 222-6 94
113 311 89
130 002 106
18 478 79
185 038-7 96
212 317-2 104
234 467 107
24 009 82
24 083 83
294 799-2 101
2TE10U-0073 68
363 200 102
3TE25K2M-0001 123
3TE25KM2M 124, 125
41 1150-6 81
430 112 91
77030 116
89 6024 88

A

Acela-Express 153, 154
„Adler" 19
Adtranz 98, 108, 109
AEG Berlin 27
Aérotrain I80 250 31
AKN Eisenbahn GmbH 109
Alstom Transport Deutschland 109, 110
Alwegbahn 159, 163, 164
Amtrak 115, 153, 154
Anatole Mallet 49, 50
ASm Em 837 826-7 105
„Austria" 77

B

B1 1264 17
Baldwin Locomotive Works 26
Baltimore & Ohio Railroad 25
Bioceanico 132
Bombardier Transportation 95-97, 108
Bombardier Traxx F 140 AC1 96
BR 103 94, 95
BR 130 107
BR 145 96
BR 146 96, 97
BR 151 93
BR 212 104
BR 24 82, 83
BR 50 51
BR 52 53
BR 601 103
BR 605 109
BR 611 108
BR 612 108, 109
BR 640 110
BR E 10 88, 89
BR E 150 92
BR E 152 93
BR E 50 92, 93
BR ET 30 90, 91
BR ET2 58
BR V 100 104
BR V 36 29
BR V 60 102
BR V 80 30
BR V 90 101
BR VT 11.5 103, 104
Bremsen 52, 53, 61, 62, 69
Burgdorf-Thun-Bahn 28

C

Canadian Pacific Railway 126, 127
Central Pacific Railroad 26
China Railway Rolling Stock Corporation (CRRC) 131, 132, 144
Chittaranjan Locomotive Works (CLW) 123
Chūō-Shinkansen 166
Class ED15 116
CR400AF 143, 144
CR400BF 144
CR-Baureihe DF 11 132
CR-Baureihe HXD3B 120, 121
CSR Corporation Limited 131
CSX 632 126
CV40-9i 136

D

Darjeeling Himalayan Railway 69, 121, 122, 123
DB 185 110 28
De 2/2 63
Derby Canal Railway 13
DeWitt Clinton 24
DF4 118, 119
DR V 140 68
„Drache" 88
Drehgestelllokomotive 61, 70
Drehstrom 57, 62, 63, 64
Druckluftbremsen 52, 53, 61, 69
Durango Silverton Railway 11
Düsseldorf Elberfelder Eisenbahn 19
dynamoelektrisches Prinzip 55, 56, 57

E

E10 348 89
Einheitslokomotiven 82, 83, 92, 96
Einschienenbahn 163ff.
elektrodynamische Schwebesysteme (EDS) 165, 167
Elektromotor 56, 57, 58, 60, 73
EMD Class 66/77 116
EMS-Technologie 164
Engerth-Lokomotiven 34
ESh2-002, Eurasia 98
ETR 1000 149
ETR 500 149
Euro 4000 (Nummer 312 006) 129

European Locomotive Leasing (ELL) 63

F

Frecciarossa 148, 149
Frecciarossa 1000 (ETR 400) 148, 149
Fuxing-Hao Blue/Red Dolphin 144
Fuxing-Hao Golden Phoenix 144

G

Ge 6/6 I 402 86
Ge 6/6 I 407 86
GE AC6000CW 126, 134
GE Dash-9 C44-9W 136
General Electric Transportation Systems 39
Ghan 131, 135, 136
Glacier Express 33, 34
Gleichstrom 55, 62, 63, 165
Gleichstrommaschine 55
„Goldener Ahorn" 41, 42
Gotthardbahn 61, 85, 86
Grand Junction Railway 17
GT1-001 124
GT1h-002 124, 125

H

Henschel 88, 93, 94, 102, 105
Henschel DHG 500 C 105
Herzoglich Braunschweigische Staatseisenbahn 19
HGm 104 002-1 70
Hitachi 116, 117, 142
Hochdruckdampfmaschinen 48
Hohlwellenantrieb 61
Howrah – New Delhi Rajdhani Express 122, 123
HSR-350x 145
HXD3C 115
hydraulische Kraftübertragung 29, 69, 110
Hyperloop 167, 168, 169

I

IC 118 95
ICE 3 62
ICE 4 (DB Baureihe 412) 150, 151, 152
ICE 4 Nr. 9009 151
iLINT 110
Indian Pacific 40, 41
IR-Klasse WAP-7 123

J

JNR 116
JR-Maglev 165, 166, 167
Jungfraubahn 33

K

Kapspur 117
Kettenwerk 65
KiwiRail 131
kkStB 470 80, 81
Krauss-Maffei 91, 92, 93, 94, 102
Kronprinz Rudolf Bahn 80
KTX II 145

L

„Landwührden" 77, 78
Laufradsätze 51
Lhasa-Bahn 39, 40
Lifeline Express 120, 121
Linke-Hofmann-Busch 109, 110
LINT 27 110
LINT 54 109
Liverpool and Manchester Railway 13, 15, 17
Locomotion 15
Lok Nr. 1 Limmat 77
Lokomotiv- und Waggonbaufabrik Krupp 93
Lokomotivfabrik Floridsdorf 80
Lokomotivfabrik Woroschilowgrad 106
London and North Eastern Railway (LNER) 17
Lucknow Swarna Shatabdi Express 71
Ludwigseisenbahn 18

M

Madaraka-Express 132
Magnet-Levitations-Pod 168
Mallet-Lok 403 50
Marc Seguin 21, 22
Maschinenbau Kiel (MaK) 101
Maschinenbauanstalt Übigau 20
MTAB IORE 133, 134
MTAB IORE 105 Narvik 134
Mylord 14

N

Next Generation Train 159, 160
NGT-HST 160
Niederdruckdampfmaschinen 48, 49, 50
Normalspur 17, 23, 72, 117
Nuovo Transporto Viaggatori (NTV) 149

O

ÖBB 1045.12 80
ÖBB 1116 088 Taurus 28
ÖBB 93.1364 80
Oberleitungen 58, 59, 63, 64, 65, 116, 122, 125

Oldenburgische Staatsbahn 77
Orient-Express 35, 36, 37

P

Pacific National 128
Pendolino 149
Pferdebahn 19, 21
Pride of Africa 43
Prima-E-Lok BB 3700 129
„Projekt Marathon" 129
„Puffing Billy" 14

R

RA 341–342 64
Radsätze 51, 60, 70
Rhätische Bahn 86, 87
„Rhätisches Krokodil" 85, 86
RhB Ge 6/6 I 85, 86 siehe „Rhätisches Krokodil"
Robert Stephenson & Co. 15, 17, 18, 19
„Rocket" 15
Rocky Mountaineer 41, 42
Roslagsbanan 71
Rovos Rail 43
RüBB 99 1781-6 77

S

S2/6 78, 79
S3/6 79, 80
Saugluftbremse 52, 53
„Saxonia" 20
SBB Ae 8/14 87
SBB Am 4/4 1001–1002 70
SBB Be 4/7 61
SBB Ce 6/8 II 61, 86
SBB R FE 4/4 70
SBB Re 4/4 II Nr. 11108 28
SBB Re 482 96
Schichau-Werke 81, 82
Schienenzeppelin 30
Schlepptenderloks 53
Schmalspurbahnen 72
Schottische Spurweite 117
Schweizerische Lokomotiv- und Maschinenfabrik (SLM) 85
Semmeringbahn 34, 35
Shiki-Shima 118
Shinkansen 31, 141, 142, 143, 144, 165, 166
Shinkansen Baureihe 0 141
Siemens & Halske 56
Siemens Vectron AC 193 224 63
South Carolina Canal and Railroad 26
Spurweiten 71, 72
Stadler FLIRT 99
Stadler KISS 98
Stadler Rail 85, 97, 98, 99
Stellwerke 71, 73
Stephenson Typ-2-2-0-Dampflok („Planet") 13
Stromabnehmer 59, 63
Stromnetze 62, 63, 64
Stromschiene 56, 58, 59, 60
SVT 137 155 103
SŽD-Baureihe Ээл2 30

T

TALENT 95
Tatzlagerantrieb 60
Tenderloks 53
TGV 31, 136, 137, 138, 147, 148,
TGV Duplex 232 147
TGV POS 147, 148
TGV Postal 136, 137
TGV Sud Est 137
TGV V150 148
TGV-Réseau 144
TMR BDeh 4/4 7 60
„Tom Thumb" 25
Trans-Europ-Express (TEE) 103
Transformatoren 58
Transrapid 159, 163, 164, 165, 167
Transrapid 09 165
Transsibirische Eisenbahn 24, 37, 38, 123
Treibradsätze 51
Tren a las Nubes 42
Trenitalia 150

U

Uerdinger Schienenbus 90
Union Pacific Railroad 26
Unterwerk 65

V

V 140 001 29
Veltinbahn 64
Vossloh Locomotives GmbH 101

W

Waggonfabrik Uerdingen 90, 91
Weichen 71, 72, 73
Weltweites Schienennetz 161
Werner von Siemens 55, 56
Wirbelstrombremse 62
WR 200 B 14 30
WR 360 C 14 29, 30
WR 550 D 14 30

Abbildungsverzeichnis

Deutsches Zentrum für Luft- und Raumfahrt e.V. (DLR): 159 li. u. re. DLR (CC-BY 3.0), Shutterstock: 2/3: fotorath, 4 li. Kev Gregory, 4 re. Milosz Maslanka, 5 o. M. Kapi Ng, 5 u. M. Ceri Breeze, 5 u. re. StGrafix, 7 olrat, 8 Ronnie Chua, 10 WorldPictures, 11 li. czech wanderer, 11 re. Alla Koval, 12 Marzolino, 13 Kev Gregory, 14 li. James Jeong, 14 re. Electric Egg, 15 Kev Gregory, 16 Milosz Maslanka, 23 Serjio74, 25 o. Robert Brown Stock, 25 u. Boris15, 26 CHRISTIAN DE ARAUJO, 27 li. CRM, 32 Alessandro Colle, 33 li. Narongsak Nagadhana, 33 re. nutcd32, 34 trabantos, 35 Roberto Sorin, 36 Olena Rublenko, 37 ALEKSANDR RIUTIN, 38 Michael Bluschke, 39 Kylie Nicholson, 41 sebastienlemyre, 43 Leonard Zhukovsky, 44/45 BCFC, 46 Ceri Breeze, 47 re. neftali, 49 Matej Hudovernik, 54 GoodSpeeed, 55 li. IgorGolovniov, 55 re. Nicku, 58 Dmitry Shchukin, 59 Michael715, 62 Joerg Huettenhoelscher, 65 Leonid Andronov, 66 Kev Gregory, 71 li. Roland Magnusson, 72 pakdee kanchanaphairoj, 73 Ppictures, 74/75 Daan Kloeg, 76 Gerckens-Photo-Hamburg, 84 Leonid Andronov, 98 Aleoks, 99 Martyn Jandula, 100 StGrafix, 104 Gaschwald, 109 li. Bjoern Wylezich, 112/113 vichie81, 114 Cassiohabib, 115 li. Serjio74, 115 re. beibaoke, 122 ImagesofIndia, 127 Serjio74, 130 mastersky, 131 re. Casimiro PT, 133 Martyn Jandula, 134 Michael715, 135 STRINGER Image, 138 pedrosala, 140 O n E studio, 142 ymgerman, 143 M. Scheja, 146 ostill, 147 li. Serjio74, 147 re. Louis.Roth, 149 Kapi Ng, 154 Vacclav, 156/157 andrey_l, 158 andrey_l, 161 Mayskyphoto, 162 r.nagy, 164 footageclips, 169 u3d, 173 Peter Stein, Wikipedia: , 4 M. Joachim Lutz (https://commons.wikimedia.org/wiki/File:VT95DB_Vorserie_(CFL_Z_151_C).jpg), https://creativecommons.org/licenses/by-sa/4.0/legalcode, 5 o. li. Kramer96 (https://commons.wikimedia.org/wiki/File:Adler01W.JPG), „Adler01W“, https://creativecommons.org/licenses/by/3.0/legalcode, 5 o. re. JoachimKohlerBremen (https://commons.wikimedia.org/wiki/File:D-A-CH_Lokomotiven_in_Buchs_SG.jpg), https://creativecommons.org/licenses/by-sa/4.0/legalcode, 5 u. li. Urmelbeauftragter (talk | contribs | Gallery) (German Wikipedia) Deutsch: Gesamtzahl meiner hochgeladenen Dateien: 888 English: Total number of my uploaded files: 888 Jürgen Heegmann (juergen.heegmann@web.de) (https://commons.wikimedia.org/wiki/File:601_Verkehrsmuseum_Nuernberg_11092010_complete_train.JPG), „601 Verkehrsmuseum Nuernberg 11092010 complete train“, https://creativecommons.org/licenses/by-sa/3.0/legalcode, 18 Various (https://commons.wikimedia.org/wiki/File:Die_Gartenlaube_(1885)_b_797.jpg), „Die Gartenlaube (1885) b 797“, als gemeinfrei gekennzeichnet, Details auf Wikimedia Commons: https://commons.wikimedia.org/wiki/Template:PD-1923, 19 Kramer96 (https://commons.wikimedia.org/wiki/File:Adler01W.JPG), „Adler01W“, https://creativecommons.org/licenses/by/3.0/legalcode, 19 Ralf Roletschek, 20 Eremeev (https://commons.wikimedia.org/wiki/File:Die_Lokomotive_SAXONIA_02.jpg), https://creativecommons.org/licenses/by-sa/4.0/legalcode, 21 Maurits90 (https://commons.wikimedia.org/wiki/File:Marc_Seguin_(locomotive)_Nederlands_Spoorwegmuseum_2.jpg), „Marc Seguin (locomotive) Nederlands Spoorwegmuseum 2“, https://creativecommons.org/publicdomain/zero/1.0/legalcode, 22 li. Neantvide (https://commons.wikimedia.org/wiki/File:SEt-Lyon_Loco_Seguin-bis.jpg), https://creativecommons.org/licenses/by-sa/4.0/legalcode, 22 re. Unknown (https://commons.wikimedia.org/wiki/File:X12450_-_1892_Eijsden_L.M.jpg), „X12450 - 1892 Eijsden L.M“, als gemeinfrei gekennzeichnet, Details auf Wikimedia Commons: https://commons.wikimedia.org/wiki/Template:PD-1923, 24 Dsdugan (https://commons.wikimedia.org/wiki/File:15_23_1092_ford_museum.jpg), „15 23 1092 ford museum“, https://creativecommons.org/publicdomain/zero/1.0/legalcode, 27 re. Siemens (https://commons.wikimedia.org/wiki/File:First_electric_locomotive,_built_in_1879_by_Werner_von_Siemens.jpg), „First electric locomotive, built in 1879 by Werner von Siemens“, als gemeinfrei gekennzeichnet, Details auf Wikimedia Commons: https://commons.wikimedia.org/wiki/Template:PD-1923, 28 JoachimKohlerBremen (https://commons.wikimedia.org/wiki/File:D-A-CH_Lokomotiven_in_Buchs_SG.jpg), https://creativecommons.org/licenses/by-sa/4.0/legalcode, 29 MdE (page at dewiki | page at commons) (https://commons.wikimedia.org/wiki/File:Butzbach-Licher_EfW_Nonnenmuehle.jpg), „Butzbach-Licher EfW Nonnenmuehle“, https://creativecommons.org/licenses/by-sa/3.0/de/legalcode, 31 Philippe CHATRIOT (https://commons.wikimedia.org/wiki/File:Aérotrain_i80_250.jpg), https://creativecommons.org/licenses/by-sa/4.0/legalcode, 40 Bahnfrend (https://commons.wikimedia.org/wiki/File:NR25_+_IP_Mt_Lawley,_2013.JPG), https://creativecommons.org/licenses/by-sa/4.0/legalcode, 47 li. Gürkan Sengün (https://commons.wikimedia.org/wiki/File:London2007more_img_5548.jpg), „London2007more img 5548“, https://creativecommons.org/licenses/by-sa/3.0/legalcode, 51 Fideli (https://commons.wikimedia.org/wiki/File:50er_Triebradsatz.JPG), https://creativecommons.org/licenses/by-sa/4.0/legalcode, 52 Johann Jaritz / CC BY-SA 4.0 (https://commons.wikimedia.org/wiki/File:Straßburg_Poeckstein-Zwischenwaessern_Gurktalbahn_Gueterwaggons_28102016_5188.jpg), https://creativecommons.org/licenses/by-sa/4.0/legalcode, 53 --Xocolatl (https://commons.wikimedia.org/wiki/File:DDM_52_5804_von_hinten.jpg), „DDM 52 5804 von hinten“, als gemeinfrei gekennzeichnet, Details auf Wikimedia Commons: https://commons.wikimedia.org/wiki/Template:PD-self, 57 Andre_de (https://commons.wikimedia.org/wiki/File:RAW_Dessau,_Fahrmotor_(2).JPG), https://creativecommons.org/licenses/by-sa/4.0/legalcode, 60 NAC (https://commons.wikimedia.org/wiki/File:MC_BDeh_4-4_7_Finhaut_120512.jpg), „MC BDeh 4-4 7 Finhaut 120512“, https://creativecommons.org/licenses/by-sa/3.0/legalcode, 61 Kabelleger / David Gubler (https://commons.wikimedia.org/wiki/File:SBB_Ce_6-8_II_14253_and_Be_4-7_12504_Untere_Wattingerbrücke.jpg), https://creativecommons.org/licenses/by-sa/4.0/legalcode, 63 li. Rolf Heinrich, Köln (https://commons.wikimedia.org/wiki/File:193_238_Köln-Kalk_Nord_2016-04-01-01.JPG), „193 238 Köln-Kalk Nord 2016-04-01-01“, https://creativecommons.org/licenses/by/3.0/legalcode, 63 re. JuergenG (https://commons.wikimedia.org/wiki/File:De2-2_locomotive_P1250741.JPG), „De2-2 locomotive P1250741“, https://creativecommons.org/licenses/by-sa/3.0/legalcode, 68 BLOG (https://commons.wikimedia.org/wiki/File:2TE10U-0073_engine_room.jpg), „2TE10U-0073 engine room“, https://creativecommons.org/licenses/by-sa/3.0/legalcode, 69 Subhrajyoti07 (https://commons.wikimedia.org/wiki/File:Darjeeling_Himalayan_Railway_Diesel_Locomotive_Engine_Room.jpg), https://creativecommons.org/licenses/by-sa/4.0/legalcode, 70 Whgler (https://commons.wikimedia.org/wiki/File:Meiringen_Bahnhof_Rangierlok.jpg), „Meiringen Bahnhof Rangierlok“, https://creativecommons.org/licenses/by-sa/3.0/legalcode, 71 re. Vishalkh (https://commons.wikimedia.org/wiki/File:Lkoshat.jpg), „Lkoshat“, https://creativecommons.org/licenses/by-sa/3.0/legalcode, 77 li. Johann Baptist Isenring (https://commons.wikimedia.org/wiki/File:Isenring_Bahnhof_Zürich_1847.jpg), „Isenring Bahnhof Zürich 1847“, als gemeinfrei gekennzeichnet, Details auf Wikimedia Commons: https://commons.wikimedia.org/wiki/Template:PD-old, 77 re. MPW57 (https://commons.wikimedia.org/wiki/File:LANDWUEHRDEN_1.JPG), „LANDWUEHRDEN 1“, https://creativecommons.org/licenses/by/3.0/legalcode, 79 Rainer Lippert (https://commons.wikimedia.org/wiki/File:Lokomotive_18_478-4.jpg), „Lokomotive 18 478-4“, als gemeinfrei gekennzeichnet, Details auf Wikimedia Commons: https://commons.wikimedia.org/wiki/Template:PD-user, 80 li. Bwag (https://commons.wikimedia.org/wiki/File:Attnang_-_Denkmallokomotive_ÖBB_1045.12.JPG), https://creativecommons.org/licenses/by-sa/4.0/legalcode, 80 re. Bwag (https://commons.wikimedia.org/wiki/File:Ernstbrunn_-_Denkmallokomotive_ÖBB_93.1364.JPG), https://creativecommons.org/licenses/by-sa/4.0/legalcode, 81 horsch (https://commons.wikimedia.org/wiki/File:Steamtrain_in_Oettingen_-_panoramio.jpg), „Steamtrain in Oettingen - panoramio“, https://creativecommons.org/licenses/by-sa/3.0/legalcode, 82 Manfred Kopka (https://commons.wikimedia.org/wiki/File:DRG_24_009.jpg), https://creativecommons.org/licenses/by-sa/4.0/legalcode, 83 JuergenG (https://commons.wikimedia.org/wiki/File:DRG24083_P1020874.jpg), „DRG24083 P1020874“, https://creativecommons.org/licenses/by-sa/3.0/legalcode, 86 Franzfoto (https://commons.wikimedia.org/wiki/File:Bergün-_Alte_E-Lok_der_RhB_aus_1922_mit_Laufleistung_4.199.491_Km.jpg), „Bergün- Alte E-Lok der RhB aus 1922 mit Laufleistung 4.199.491 Km“, https://creativecommons.org/licenses/by-sa/3.0/legalcode, 87 Abderitestatos (https://commons.wikimedia.org/wiki/File:11801Ae814SBBBaumaI.jpg), „11801Ae814SBBBaumaI“, https://creativecommons.org/licenses/by/3.0/legalcode, 88 li. --Xocolatl (https://commons.wikimedia.org/wiki/File:DDM_Diverse_3.jpg), „DDM Diverse 3“, als gemeinfrei gekennzeichnet, Details auf Wikimedia Commons: https://commons.wikimedia.org/wiki/Template:PD-self, 88 re. C-C-Baxter (https://commons.wikimedia.org/wiki/File:Henschel_und_Sohn_Stern.jpg), „Henschel und Sohn Stern“, https://creativecommons.org/licenses/by-sa/3.0/legalcode, 89 Manuel Schneider (https://commons.wikimedia.org/wiki/File:2013-09-15_11-33-17_E_10.jpg), „2013-09-15 11-33-17 E 10“, https://creativecommons.org/licenses/by-sa/3.0/legalcode, 90 Joachim Lutz (https://commons.wikimedia.org/wiki/File:VT95DB_Vorserie_(CFL_Z_151_C).jpg), https://creativecommons.org/licenses/by-sa/4.0/legalcode, 91 Martin Rese (https://commons.wikimedia.org/wiki/File:430112=713wiki.jpg), https://creativecommons.org/licenses/by-sa/4.0/legalcode, 92 Michael Heimerl (https://commons.wikimedia.org/wiki/File:DB_E50_091.jpg), „DB E50 091“, https://creativecommons.org/licenses/by-sa/3.0/legalcode, 93 li. Wiki05 (https://commons.wikimedia.org/wiki/File:Essen,_Krupp_Lokbau_um1992.jpg), „Essen, Krupp Lokbau um1992“, https://creativecommons.org/licenses/by-sa/3.0/legalcode, 93 re. Wiki05 (https://commons.wikimedia.org/wiki/File:Essen,_Krupp,_Maschinenbauhalle_M3_(2).jpg), „Essen, Krupp, Maschinenbauhalle M3 (2)“, https://creativecommons.org/publicdomain/zero/1.0/legalcode, 94 Wolfgang Ellsässer (Geryones) (https://commons.wikimedia.org/wiki/File:103_222-6_Detail_Front.JPG), „103 222-6 Detail Front“, https://creativecommons.org/licenses/by-sa/3.0/de/legalcode, 95 Christian Liebscher (Platte) (https://commons.wikimedia.org/wiki/File:Essen_Hbf_15_IC_118.jpg), „Essen Hbf 15 IC 118“, https://creativecommons.org/licenses/by-sa/3.0/legalcode, 96 li. Rolf Heinrich, Köln (https://commons.wikimedia.org/wiki/File:185_038-7_Köln-Gremberg_2015-10-03.JPG), „185 038-7 Köln-Gremberg 2015-10-03“, https://creativecommons.org/licenses/by/3.0/legalcode, 96 re. T. Rohrbacher (https://commons.wikimedia.org/wiki/File:Front_baureihe482.jpg), „Front baureihe482“, https://creativecommons.org/licenses/by-sa/3.0/legalcode, 97 JDfromW (https://commons.wikimedia.org/wiki/File:BR146_108-6_-Norddeich-Mole_2011.jpg), „BR146 108-6 -NorddeichMole 2011“, https://creativecommons.org/licenses/by-sa/3.0/legalcode, 102 Urmelbeauftragter (talk | contribs | Gallery) (German Wikipedia) Deutsch: Gesamtzahl meiner hochgeladenen Dateien: 888 English: Total number of my uploaded files: 888 Jürgen Heegmann (juergen.heegmann@web.de) (https://commons.wikimedia.org/wiki/File:363_200_Stellwerk_Frankfurt-Hauptbahnhof_09052009.JPG), „363 200 Stellwerk Frankfurt-Hauptbahnhof 09052009“, https://creativecommons.org/licenses/by-sa/3.0/legalcode, 103 Urmelbeauftragter (talk | contribs | Gallery) (German Wikipedia) Deutsch: Gesamtzahl meiner hochgeladenen Dateien: 888 English: Total number of my uploaded files: 888 Jürgen Heegmann (juergen.heegmann@web.de) (https://commons.wikimedia.org/wiki/File:601_Verkehrsmuseum_Nuernberg_11092010_complete_train.JPG), „601 Verkehrsmuseum Nuernberg 11092010 complete train“, https://creativecommons.org/licenses/by-sa/3.0/legalcode, 105 NAC (https://commons.wikimedia.org/wiki/File:ASm_Em_837826-7_Niederbipp_250310.jpg), „ASm Em 837826-7 Niederbipp 250310“, https://creativecommons.org/licenses/by-sa/3.0/legalcode, 106 Rainerhaufe (Diskussion) 13:48, 30. Nov. 2013 (CET) (https://commons.wikimedia.org/wiki/File:TE109_130_002_Dampflokfest_Dresden_2000.jpeg), „TE109 130 002 Dampflokfest Dresden 2000“, https://creativecommons.org/licenses/by-sa/3.0/de/legalcode, 107 Johannes Fielitz (Stadtbahner475 at de wikipedia) (https://commons.wikimedia.org/wiki/File:234_467_DB.jpg), „234 467 DB“ https://creativecommons.org/licenses/by-sa/3.0/legalcode, 108 Falk2 (https://commons.wikimedia.org/wiki/File:33_Bf_Le-Dre_Gbf.jpg), https://creativecommons.org/licenses/by-sa/4.0/legalcode, 109 Christian Schulz 23:59, 26. Sep. 2007 (CEST) (https://commons.wikimedia.org/wiki/File:Inneneinrichtung_BA_209_Azf_1998-05-06_04-55.jpg), „Inneneinrichtung BA 209 Azf 1998-05-06 04-55“, https://creativecommons.org/licenses/by-sa/3.0/legalcode, 111 Johannes Martin Conrad (https://commons.wikimedia.org/wiki/File:DB_VT_640_bei_Olpe.JPG), „DB VT 640 bei Olpe“, https://creativecommons.org/licenses/by/3.0/legalcode, 116 Marc Ryckaert (MJJR) (https://commons.wikimedia.org/wiki/File:ECR_Loc_77030_R03.jpg), „ECR Loc 77030 R03“, https://creativecommons.org/licenses/by/3.0/legalcode, 117 © DAJF / Wikimedia Commons / CC BY-SA 4.0 (https://commons.wikimedia.org/wiki/File:ED15_1_(No_1_end)_Hitachi_Mito_Factory_20170603.jpg), https://creativecommons.org/licenses/by-sa/4.0/legalcode, 118 © DAJF / Wikimedia Commons / CC BY-SA 4.0 (https://commons.wikimedia.org/wiki/File:E001_Shin-Tsurumi_20160907.jpg), https://creativecommons.org/licenses/by-sa/4.0/legalcode, 119 N509FZ (https://commons.wikimedia.org/wiki/File:DF4D_0355_at_Shoupakou_(20180315131918).jpg), https://creativecommons.org/licenses/by-sa/4.0/legalcode, 120 xue siyang (df45086) (https://commons.wikimedia.org/wiki/File:Daoli,_Harbin,_Heilongjiang,_China_-_panoramio_(10).jpg), „Daoli, Harbin, Heilongjiang, China - panoramio (10)“, https://creativecommons.org/licenses/by-sa/3.0/legalcode, 121 颐园新居 (https://commons.wikimedia.org/wiki/File:Lifeline_Express_GQ2002.7.1-3_inside_20120324.jpg), „Lifeline Express GQ2002.7.1-3 inside 20120324“, https://creativecommons.org/licenses/by-sa/3.0/legalcode, 123 o. Pramath S.B (https://commons.wikimedia.org/wiki/File:LGD_WAP7_30306.jpg), „LGD WAP7 30306“, https://creativecommons.org/licenses/by-sa/3.0/legalcode, 123 u. li. Transmashholding, 123 u. re. Yuri Samoilov (https://commons.wikimedia.org/wiki/File:Северобайкальск_10.jpg), „Северобайкальск 10“, https://creativecommons.org/licenses/by-sa/3.0/legalcode, 124 Vivan755 (https://commons.wikimedia.org/wiki/File:GT1-001-Kozelko.jpg), https://creativecommons.org/licenses/by-sa/4.0/legalcode, 125 Белов А.В. (https://commons.wikimedia.org/wiki/File:GT1h-002.JPG), https://creativecommons.org/licenses/by-sa/4.0/legalcode, 126 li. Brooksbank (https://commons.wikimedia.org/wiki/File:Canada_Rail_016_Vancouver.jpg), https://creativecommons.org/licenses/by-sa/4.0/legalcode, 126 re. Lexcie (https://commons.wikimedia.org/wiki/File:CSX_632_Dillon_SC_IMX_2003_06.jpg), „CSX 632 Dillon SC IMX 2003 06“, https://creativecommons.org/licenses/by-sa/3.0/legalcode, 128 Tjbulic (https://commons.wikimedia.org/wiki/File:48214_at_Cootamundra.png), https://creativecommons.org/licenses/by-sa/4.0/legalcode, 129 Kabelleger / David Gubler (http://www.bahnbilder.ch). (https://commons.wikimedia.org/wiki/File:CargoNet_Di_12_Euro_4000_Lønsdal_-_Bolna.jpg), „CargoNet Di 12 Euro 4000 Lønsdal - Bolna“, https://creativecommons.org/licenses/by-sa/3.0/legalcode, 131 li. ProfesorFavalli (https://commons.wikimedia.org/wiki/File:Atardecer_en_estación_Tigre.jpg), https://creativecommons.org/licenses/by-sa/4.0/legalcode, 132 Alancrh (https://commons.wikimedia.org/wiki/File:China_Railways_DF11_0377_and_0428_Wuchang_20110725.jpg), https://creativecommons.org/licenses/by-sa/4.0/legalcode, 136 Kabelleger / David Gubler (http://www.bahnbilder.ch) (https://commons.wikimedia.org/wiki/File:BNSF_GE_Dash-9_C44-9W_Kennewick_-_Wishram_WA.jpg), „BNSF GE Dash-9 C44-9W Kennewick - Wishram WA“, https://creativecommons.org/licenses/by-sa/3.0/legalcode, 137 I, Mecdepaname (https://commons.wikimedia.org/wiki/File:TGV_la_poste_3.jpg), „TGV la poste 3“, https://creativecommons.org/licenses/by-sa/3.0/legalcode, 141 li. Vincent So (https://commons.wikimedia.org/wiki/File:Kodama_0.JPG), „Kodama 0“, https://creativecommons.org/licenses/by-sa/3.0/legalcode, 141 re. 本人 (https://commons.wikimedia.org/wiki/File:0_series_shinkansen_West_Hikari_buffet_02.jpg), „0 series shinkansen West Hikari buffet 02“, als gemeinfrei gekennzeichnet, Details auf Wikimedia Commons: https://commons.wikimedia.org/wiki/Template:PD-self, 144 li. N509FZ (https://commons.wikimedia.org/wiki/File:The_CRH_sisters_(20160905094612).jpg), https://creativecommons.org/licenses/by-sa/4.0/legalcode, 144 re. N509FZ (https://commons.wikimedia.org/wiki/File:Couplers_of_CR400AF-0207_and_CR400BF-0503_(20170307100652).jpg), https://creativecommons.org/licenses/by-sa/4.0/legalcode, 145 Seoulrapid (https://commons.wikimedia.org/wiki/File:용산역_대기중인_원강선_KTX-산천_402호기_.jpg), https://creativecommons.org/licenses/by-sa/4.0/legalcode, 148 Trashmaster85 (https://commons.wikimedia.org/wiki/File:Mockup_of_Frecciarossa_1000_on_InnoTrans_2012.jpg), „Mockup of Frecciarossa 1000 on InnoTrans 2012“, https://creativecommons.org/licenses/by-sa/3.0/legalcode, 150 li. Janismael02 (https://commons.wikimedia.org/wiki/File:ICE_4.jpg), https://creativecommons.org/licenses/by-sa/4.0/legalcode, 150 re. Hoff1980 (https://commons.wikimedia.org/wiki/File:Siemens_ICx_Bugklappe_InnoTrans_2014.JPG), https://creativecommons.org/licenses/by-sa/4.0/legalcode, 151 JoachimKohlerBremen (https://commons.wikimedia.org/wiki/File:Ausfahrender_ICE_4_in_Stuttgart.jpg), https://creativecommons.org/licenses/by-sa/4.0/legalcode, 152 Andre_de (https://commons.wikimedia.org/wiki/File:ICE_4,_Führerstand.jpg), https://creativecommons.org/licenses/by-sa/4.0/legalcode, 153 li. Tdorante10 (https://commons.wikimedia.org/wiki/File:Union_Station_DC_td_02.jpg), https://creativecommons.org/licenses/by-sa/4.0/legalcode, 153 re. Fi.1415926535 (https://commons.wikimedia.org/wiki/File:Acela_2024_at_New_London_2.JPG), „Acela 2024 at New London 2“, https://creativecommons.org/licenses/by-sa/3.0/legalcode, 155 Dough4872 (https://commons.wikimedia.org/wiki/File:Amtrak_Acela_Express_2002_SB_Newark_DE.jpg), „Amtrak Acela Express 2002 SB Newark DE“, https://creativecommons.org/licenses/by-sa/3.0/legalcode, 165 Állatka (https://commons.wikimedia.org/wiki/File:Transrapid-emsland.jpg), „Transrapid-emsland“, als gemeinfrei gekennzeichnet, Details auf Wikimedia Commons: https://commons.wikimedia.org/wiki/Template:PD-self, 166 Gnsin~commonswiki (https://commons.wikimedia.org/wiki/File:Linear_Motor_Car_MLX01-1.jpg), „Linear Motor Car MLX01-1“, https://creativecommons.org/licenses/by-sa/3.0/legalcode, 167 Okras (https://commons.wikimedia.org/wiki/File:Hyperloop_pod_competition_tube.jpg), https://creativecommons.org/licenses/by-sa/4.0/legalcode; Umschlagabbildungen: siehe Innenteil www.vivo-buch.de

ISBN 978-3-945623-40-4

Komplettproducing: twinbooks, München
Text und Lektorat: Peter Bachstein, Jürgen Brück, Melanie Goldmann für twinbooks, München